Sabine Lange

Proteomische Methoden

Sabine Lange

Proteomische Methoden

Charakterisierung von phosphorylierungsvermittelten Wechselwirkungen des Adapterproteins ADAP

Südwestdeutscher Verlag für Hochschulschriften

Impressum/Imprint (nur für Deutschland/only for Germany)
Bibliografische Information der Deutschen Nationalbibliothek: Die Deutsche Nationalbibliothek verzeichnet diese Publikation in der Deutschen Nationalbibliografie; detaillierte bibliografische Daten sind im Internet über http://dnb.d-nb.de abrufbar.
Alle in diesem Buch genannten Marken und Produktnamen unterliegen warenzeichen-, marken- oder patentrechtlichem Schutz bzw. sind Warenzeichen oder eingetragene Warenzeichen der jeweiligen Inhaber. Die Wiedergabe von Marken, Produktnamen, Gebrauchsnamen, Handelsnamen, Warenbezeichnungen u.s.w. in diesem Werk berechtigt auch ohne besondere Kennzeichnung nicht zu der Annahme, dass solche Namen im Sinne der Warenzeichen- und Markenschutzgesetzgebung als frei zu betrachten wären und daher von jedermann benutzt werden dürften.

Verlag: Südwestdeutscher Verlag für Hochschulschriften GmbH & Co. KG
Dudweiler Landstr. 99, 66123 Saarbrücken, Deutschland
Telefon +49 681 37 20 271-1, Telefax +49 681 37 20 271-0
Email: info@svh-verlag.de

Zugl.: Berlin, TU, Diss., 2010

Herstellung in Deutschland:
Schaltungsdienst Lange o.H.G., Berlin
Books on Demand GmbH, Norderstedt
Reha GmbH, Saarbrücken
Amazon Distribution GmbH, Leipzig
ISBN: 978-3-8381-2684-5

Imprint (only for USA, GB)
Bibliographic information published by the Deutsche Nationalbibliothek: The Deutsche Nationalbibliothek lists this publication in the Deutsche Nationalbibliografie; detailed bibliographic data are available in the Internet at http://dnb.d-nb.de.
Any brand names and product names mentioned in this book are subject to trademark, brand or patent protection and are trademarks or registered trademarks of their respective holders. The use of brand names, product names, common names, trade names, product descriptions etc. even without a particular marking in this works is in no way to be construed to mean that such names may be regarded as unrestricted in respect of trademark and brand protection legislation and could thus be used by anyone.

Publisher: Südwestdeutscher Verlag für Hochschulschriften GmbH & Co. KG
Dudweiler Landstr. 99, 66123 Saarbrücken, Germany
Phone +49 681 37 20 271-1, Fax +49 681 37 20 271-0
Email: info@svh-verlag.de

Printed in the U.S.A.
Printed in the U.K. by (see last page)
ISBN: 978-3-8381-2684-5

Copyright © 2011 by the author and Südwestdeutscher Verlag für Hochschulschriften GmbH & Co. KG and licensors
All rights reserved. Saarbrücken 2011

Do or do not. There is no try.
Yoda.

Kurzfassung in Deutsch

Eine Vielzahl von Protein-Protein-Wechselwirkungen, die eine wichtige Rolle in Signaltransduktionsprozessen spielen, wird über Wechselwirkungen mit relativ kurzen Peptidsequenzen vermittelt, wobei vor allem über posttranslational modifizierte Proteinsequenzen Bindungen ausgelöst bzw. unterbunden werden können. So findet z.B. eine exakte Regulation wichtiger zellulärer Signalwege über reversible Proteinphosphorylierungen statt.

In der vorliegenden Arbeit wurden differentielle Peptid-Protein-Interaktionsexperimente (*Pulldown*-Experimente) mit phosphorylierten und den korrespondierenden unphosphorylierten Peptiden durchgeführt, um phosphorylierungsspezifische Interaktionspartner des Adapterproteins ADAP, welches entscheidende Funktionen im T-Zellsignalweg als Teil der adaptiven Immunantwort einnimmt, zu bestimmen. Dazu wurden Peptidsequenzen, welche die Tyrosine 595, 625 sowie 771 der ADAP-Sequenz abdeckten, mittels Festphasenpeptidsynthese synthetisiert, aufgereinigt und kovalent an Agarose gebunden. Die Konjugate zeigten vergleichbare Beladungen mit phosphorylierten und unphosphorylierten Peptiden im Bereich von 18-40 nmol Peptid/mg Agarose, sowie eine reproduzierbare phosphorylierungsspezifische Bindung der SH2-Domäne der Tyrosin-Proteinkinase Fyn.

Die Bestimmung der phosphorylierungsspezifisch interagierenden Proteine mit den ADAP-Peptiden aus Jurkat-T-Zelllysat erfolgte über quantitative Massenspektrometrie unter Verwendung von Markierungsverfahren mit stabilen Isotopen. Dafür wurden zwei Methoden eingesetzt: die Markierung von einzelnen Aminosäuren in Zellkultur (*stable isotope labeling by amino acids in cell culture* [SILAC]) und die enzymatische ^{18}O-Markierung mit schwerem Wasser.

An allen untersuchten Peptidsequenzen konnten phosphorylierungsabhängige Wechselwirkungen von mehr als zehn Proteinen gezeigt werden. Dabei wurden die Proteine CRK, NCK1/2, PIK3R1, PLCγ1 und SLP76 von allen drei Phosphotyrosinpeptiden gleichermaßen rekrutiert. Andererseits zeigte sich auch sequenzspezifisches Bindungsverhalten, da z.b. das Ras GTPase aktivierende Protein RASA1 nur mit der ADAP-595-Sequenz interagierte. Sowohl bekannte SH2-Domänen-basierte Wechselwirkungen von ADAP mit SLP76, als auch neue Interaktionspartner die im Kontext des T-Zellrezeptor-Komplexes beschrieben werden, wie z.b. das Protein RASA1, konnten identifiziert werden.

Der Vergleich beider Quantifizierungsmethoden zeigte eine gute Übereinstimmung der Ergebnisse. Alle mit der SILAC-Methode identifizierten Proteine, die mit ADAP-595 und ADAP-771 interagierten, wurden auch mit der ^{18}O-Methode identifiziert. Am Tyr 625 wurden zusätzlich zu den neun phosphorylierungsspezifisch bindenden Proteinen, die mit beiden Methoden bestimmt wurden, zwei Bindungspartner ausschließlich mit der SILAC-Methode und vier Proteine ausschließlich über die ^{18}O-Markierung identifiziert. Eines der interagierenden Proteine, die nicht mit der SILAC-Methode bestätigt werden konnten, war beispielsweise die Tyrosin-Proteinkinase Fyn. Diese ist bekannt für ihre Wechselwirkung mit dem phosphorylierten Tyr 625. Die Interaktion konnte jedoch mit der ^{18}O-Methode bestätigt werden.

Obwohl mit dieser Methode keine Unterscheidung zwischen direkten oder indirekten Wechselwirkungen vorgenommen werden kann, zeigt die Tatsache, dass alle über das Peptid-*Pulldown*-Verfahren identifizierten potentiellen Bindungspartner SH2-Domänen enthalten und auch bekannte Adapterproteine und Kinasen in der T-Zellrezeptor-Signalweiterleitung sind, die Relevanz der detektierten Wechselwirkungen für die adaptive Immunantwort.

Weiterhin wurden Peptid-*Pulldown*-Experimente mit Phosphotyrosinanaloga durchgeführt. Dafür wurden Peptid-Phosphonate und –Phosphoramidate der ADAP-595-Sequenz eingesetzt. Es zeigte sich, dass beide Analoga ähnliche Bindungseigenschaften wie die Phosphotyrosin-Peptide aufweisen, jedoch sind für weiterführende (biologische) Experimente Optimierungsschritte der Interaktionsbedingungen und die Charakterisierung der Bindungsparameter zwingend notwendig.

Kurzfassung in Englisch

A high number of protein-protein-interactions which play key roles in signal transduction processes are mediated by small peptide sequences of the proteins. Especially posttrans-lational modifications lead to stable binding of proteins, e.g. the reversible process of phosphorylation of proteins regulates crucial cellular pathways in a very precise manner.

Here, peptide interaction experiments (pulldown experiments) with phosphorylated and the corresponding unphosphorylated peptides were used to identify potential phospho-specific binding partners of the protein ADAP. This adapter protein performs key functions in the T cell receptor (TCR) signaling process as a part of the adaptive immune system. Peptide sequences covering tyrosines 595, 625 and 771 of ADAP were synthesized using solid-phase peptide synthesis, purified and covalently coupled to agarose beads. Characterization of the resulting peptide constructs showed a loading of 18-40 nmol peptide per mg agarose with similar values for the corresponding (phosphorylated/unphosphorylated) sequences. The phosphospecific interaction of the peptide constructs with the expressed SH2 domain of the tyrosine phosphokinase Fyn confirmed the biological activity of the constructs.

For the identification of phosphospecific binding partners of the ADAP peptides, Jurkat T cell lysate was used in combination with quantitative mass spectrometry and two stable isotope methods: stable isotope labeling by amino acids in cell culture [SILAC] and enzymatic ^{18}O-labeling with heavy water during tryptic digestion.

All analyzed peptide sequences recruited more than ten phosphospecific binding partners. The proteins CRK, NCK1/2, PIK3R1, PLCγ1, and SLP76 interact phosphospecifically with each sequence in a similar way. Apart from that, the peptide pulldown method allows to distinguish sequence-specific binding, *e.g.* the protein RASA1 showed exclusive binding to phosphorylated ADAP-595. In addition to previously known SH2 domain-based interactions of ADAP with SLP76, novel ADAP interaction partners were identified which belong to the larger TCR proximal signaling complex, *e.g.* the Ras GTPase activating protein RASA1.

Comparing both quantification methods, an adequate correlation of the phosphospecific binding proteins was observed. All proteins interacting with ADAP-595 and ADAP-771 in a phosphospecific manner were identified with both methods. To ADAP-625, nine phosphospecific binding proteins were identified with both methods, whereas two or four proteins were identified with only SILAC or ^{18}O-labeling, respectively. Interestingly, the tyrosine phosphokinase Fyn, which is a reported phosphospecific binding protein to ADAP-625, was only identified with the ^{18}O-labeling while the SILAC approach did not show phosphospecific interaction.

Although, no differentiation of direct or indirect binding proteins of ADAP is possible using the peptide pulldown method, the fact that most of the proteins are SH2-domain-containing proteins which are reported to play a key role in the larger TCR proximal signaling complex shows the relevance of the detected interactions in regard to the adaptive immune response.

Another application of the peptide pulldowns was accomplished by using phospho-analogous structures: phosphonate and phosphoramidate of the sequence ADAP-595. It was found that both analogs showed binding properties similar to the naturally occurring phosphorylation. Yet, an optimization of the protocol in combination with a further characterization of the binding parameters is indispensable.

Widmung

Rainer H. Lange
23. Februar 1943 – 30. Dezember 2006

Man sieht die Sonne langsam untergehen
und erschrickt doch, wenn es plötzlich dunkel ist.
Franz Kafka.

Inhaltsverzeichnis

KURZFASSUNG IN DEUTSCH III

KURZFASSUNG IN ENGLISCH V

WIDMUNG VII

INHALTSVERZEICHNIS IX

1   EINLEITUNG 1

1.1   Protein-Protein-Wechselwirkungen 1
    1.1.1   Phosphorylierungen in Proteinkomplexen 3
    1.1.2   Methoden zur Charakterisierung von Protein-Protein-Wechselwirkungen ... 6

1.2   Massenspektrometrie in der Proteomanalyse 11
    1.2.1   MALDI- und ESI-MS 12
    1.2.2   Tandem-Massenspektrometrie 14
    1.2.3   Strategien zur Auftrennung und Analyse komplexer Proteingemische 17
    1.2.4   Quantifizierung in der Massenspektrometrie 20

1.3   Protein-Protein-Wechselwirkungen in der T-Zell-Aktivierung ... 24
    1.3.1   Das Adapterprotein ADAP 26
    1.3.2   SH2-Domänen 28

1.4 Zielstellung dieser Arbeit ... 28

2 MATERIAL UND METHODEN ... 31

2.1 Chemikalien ... 31

2.2 Peptidsynthese und Aufreinigung ... 31

2.3 Kovalente Bindung der Peptide an Matrices ... 33

2.4 Bestimmung der Peptidbeladung ... 34

2.5 Expression und Aufreinigung der Fyndomäne ... 34

2.6 Zellkultur ... 35

2.7 *Pulldown*-Experimente ... 35
2.7.1 Methodische Experimente ... 35
2.7.2 SILAC-Experimente ... 36
2.7.3 ^{18}O-Experimente ... 37

2.8 SDS-Polyacrylamidgelelektrophorese ... 37
2.8.1 Trennung einzelner Proteine ... 37
2.8.2 Trennung komplexer Proteinmischungen aus Zelllysaten ... 38

2.9 Tryptischer Verdau ... 38
2.9.1 SILAC-Experiment ... 38
2.9.2 ^{18}O-Experiment ... 39

2.10 Massenspektrometrie ... 39
2.10.1 MALDI-TOF/TOF von synthetischen Peptiden ... 39
2.10.2 NanoLC-ESI-Tandem-MS ... 40
2.10.3 Proteinidentifizierung und Quantifizierung ... 40

3 ERGEBNISSE ... 43

3.1 Methodische Untersuchungen ... 43
3.1.1 Untersuchung verschiedener Trägermaterialien ... 44
3.1.2 Charakterisierung der ADAP-Fyn-Bindung an Agarose ... 47

3.1.3 Spezifität der Bindung der Fyn-Domäne 50
3.1.4 Beladungsbestimmung der Agaroseträger 51

3.2 Charakterisierung von Peptid-Protein-Wechselwirkungen an ADAP 52
3.2.1 Interaktionspartner 54
3.2.2 Stimulierte Zellen an ADAP-625 57
3.2.3 Betrachtungen zur Affinität der Bindungspartner von ADAP-595 59

3.3 Alternatives Markierungsverfahren zur Bestimmung von
Interaktionspartnern 60

3.4 Phosphotyrosinanaloga 66
3.4.1 Charakterisierung der Bindung am Phosphonat 67
3.4.2 Charakterisierung der Bindung am Phosphoramidat 68
3.4.3 *Pulldown*-Experimente 69

4 DISKUSSION 73

4.1 Kovalent gebundene Peptide für *Pulldown*-Experimente 74

4.2 Identifizierung spezifischer Bindungspartner 80

4.3 Markierungsvergleich: SILAC *versus* ^{18}O 85

4.4 Phosphotyrosinanaloga 89

4.5 Zusammenfassung und Ausblick 93

LITERATUR 97

ANHANG I

Abkürzungsverzeichnis i

Symbole für Aminosäuren v

Publikationen und Konferenzbeiträge vi

Danksagung vii

Inhaltsverzeichnis

1 Einleitung

1.1 Protein-Protein-Wechselwirkungen

Die vollständige Sequenzierung des menschlichen Genoms im Jahr 2001 (Lander et al., 2001; Venter et al., 2001) ließ hohe Erwartungen bezüglich des Verständnisses der menschlichen Evolution, den Einflüssen von genetischer Disposition oder den Ursachen von Krankheiten entstehen (Venter et al., 2001). Letztlich konnten diese bisher nur bedingt erfüllt werden, weil vielmehr klar wurde, dass erst die tatsächlich exprimierten Proteine verantwortlich für Zellabläufe sind (Bauer und Küster, 2003). Genomische Sequenzen können lediglich das Potential zur Expression eines Gens aufzeigen, wobei über Transkriptomanalysen auch die real exprimierten Gene einzelner Zellen quantitativ bestimmt werden können. Die gebildeten Proteine unterliegen jedoch im Zuge von internen oder externen Signalen (wie DNA-Schädigungen oder Wachstumsstimuli) einem permanenten Auf- oder Abbau, was sich in Aktivitätsveränderungen, unterschiedlichen Lokalisationen in der Zelle, veränderten molekularen Wechselwirkungen oder in Stabilitätsunterschieden zeigt (Pawson und Scott, 2005). Das Proteom, d.h. das gesamte Proteinäquivalent eines Genoms (nach Wilkins et al., 1996) ist dabei mit mehr als einer Million Spezies nicht nur wesentlich umfangreicher als die zugrunde liegende genetische Information (ca. 30000 humane Gene [Walsh et al., 2005]), sondern auch äußerst dynamisch (Berg et al., 2003). Vorgänge wie das alternative Spleißen von RNA-Molekülen, die Einfügung von posttranslationalen Modifizierungen (PTMs) wie Acetylierungen, Glykosylierungen oder Phosphorylierungen (vgl. dazu Abschnitt 1.1.1) oder die zeitliche Regulierung der Proteinsynthese

1 Einleitung

führen zu einer wesentlichen Komplexierung auf Proteinebene im Gegensatz zum Genom. Zusätzlich zeigt sich, dass vor allem in höheren eukaryotischen Organismen ein vielschichtiges Muster von Protein-Protein-Wechselwirkungen (Rubin, 2001), aber auch DNA-Protein- (Mittler et al., 2009) und RNA-Protein-Wechselwirkungen (Butter et al., 2009) zu finden ist. Solche Komplexe können kinetische oder substratspezifische Eigenschaften von Proteinen ändern, zur Bildung neuer Bindungsstellen führen, Substrate in einem immunologischen Komplex weitergeben (*substrate channelling*) oder auch Proteine inaktivieren (Phizicky und Fields, 1995). Schätzungsweise mehr als 80% der Proteine agieren in Form von Proteinkomplexen, die wiederum Teil von zellulären Netzwerken sind (Berggard et al., 2007). Zahlreiche Signaltransduktionsprozesse führen zu einer Zusammenlagerung von Proteinen in Signalkomplexen mit spezifischem Aufbau, Funktion und zellulärer Lokalisation (Pawson und Nash, 2000). Durch die Identifizierung von Aufbau und Regulation solcher Komplexe können Rückschlüsse auf Funktionen und Hintergründe biologischer Ereignisse gezogen werden (Gingras et al., 2007).

Wechselwirkungen zwischen Proteinen können entweder über Oberflächen stattfinden, die über große Bereiche miteinander interagieren oder durch verschiedene Regionen eines Proteins vermittelt werden, die erst bei der korrekten Faltung des Proteins in räumliche Nähe zueinander gebracht werden. Weiterhin werden stabile Protein-Protein-Wechselwirkungen auch über kurze Aminosäuresequenzen, die z.B. in Bindungstaschen eines anderen Proteins passen, realisiert (Phizicky und Fields, 1995; Eichler, 2008). Viele dieser Protein-Protein-Wechselwirkungen bestehen nur kurzzeitig und zeichnen sich dadurch aus, dass die beteiligten Proteine kaum Konformationsänderungen durchlaufen und nur über geringe Flächen miteinander in Kontakt treten (Nooren und Thornton, 2003).

Während der letzten Jahre wurde die verbreitete Annahme, dass Proteinwechselwirkungen einzig durch die Struktur von Proteinsegmenten bzw. -domänen bestimmt werden, zunehmend korrigiert. (Petsalaki und Russell, 2008). Dieses entstand vor allem aus der Beobachtung, dass nicht gefaltete oder unstrukturierte, kurze Regionen in Proteinen häufig eine wichtige Rolle bei der Funktion der Proteine einnehmen (Pawson und Scott, 1997; Dyson und Wright, 2005). Schätzungen gehen davon aus, dass mindestens 15-40% aller Wechselwirkungen durch kurze Peptidsequenzen vermittelt werden (Petsalaki und Russell, 2008). Durch eine, im Vergleich zu strukturierten Proteinen, die über große Oberflächen miteinander wechselwirken, kleinere Kontaktfläche, zeigen peptidvermittelte Wechselwirkungen meist eine geringere Affinität (Petsalaki und Russell, 2008). Beispiele für peptidvermittelte Wechselwirkungen sind SH3- (*src homology 3*), GYF- oder WW-Domänen, die prolinreiche Sequenzen binden (Wu et al., 2007; Kofler et al., 2009).

Obwohl solche Wechselwirkungen häufig über die Erkennung kurzer Peptidmotive des wechselwirkenden Proteins erfolgen, wird die Ausbildung stabiler Wechselwirkungen oft erst über posttranslationale Modifizierungen in der Sequenz erreicht (Seet et al., 2006). Die Differenzierung zwischen verschiedenen Peptidsequenzen, welche die selbe Modifizierung tragen, erfolgt meist durch eine konservierte Bindungstasche für die modifizierte Aminosäure, wobei die Umgebung der Tasche sehr variabel ist und damit die Anpassung an verschiedene Sequenzen möglich macht (Waksman et al., 1993; Durocher et al., 2000; Owen et al., 2000; Nielsen et al., 2002). Phosphorylierte Sequenzen werden beispielsweise von SH2-, PTB- und 14-3-3-Domänen erkannt, die einen hohen Stellenwert in der Signalweiterleitung eukaryotischer Organismen einnehmen (Pawson, 2004; Diella et al., 2008; Miller et al., 2008).

1.1.1 Phosphorylierungen in Proteinkomplexen

Eine Vielzahl von Proteinfunktionen wird durch PTMs bestimmt und reguliert. Von den mehr als 200 beschriebenen PTMs zählen die Phosphorylierung, Acetylierung, Alkylierung, Glykosylierung und Oxidierung zu den fünf häufigsten kovalenten Proteinmodifizierungen (Walsh et al., 2005). Durch die Reversibilität vieler Modifizierungsreaktionen kann der Organismus flexibel auf intra- oder extrazelluläre Signale reagieren, ohne die energiereiche Synthese bzw. Degradation von Proteinen durchführen zu müssen.
Speziell Phosphorylierungen nehmen einen hohen Stellenwert in Signalwegen von Eukaryoten ein, da sie an vielen Signaltransduktionsprozessen wie der Zelldifferenzierung, Proliferation, Energiespeicherung oder Apoptose beteiligt sind (Hunter, 1995; Hunter, 2000). In Säugerzellen können Phosphorylierungen an den drei Aminosäuren Ser, Thr und Tyr auftreten, wobei etwa 90% der Phosphorylierungen am Ser und die restlichen 10% an Thr und Tyr gefunden werden (Mann et al., 2002). Zusätzlich dazu besitzen Bakterien und Pilze die Möglichkeit, die Aminosäuren His und Asp zu phosphorylieren (Hoch und Silhavy, 1995), wodurch z.B. in *Pseudomonas aeruginosa* eine große Anzahl von Signalwegen beeinflusst wird (Rodrigue et al., 2000).
Der Phosphorylierungsgrad von Proteinen wird regulativ durch antagonistisch wirkende Proteinkinasen und -phosphatasen gesteuert. Unter Verbrauch von ATP katalysieren Kinasen den Austausch der neutralen OH-Gruppe in eine geladene Phosphorylgruppe (Abbildung 1.1, A). Durch phosphatasekatalysierte Hydrolyse kann diese Gruppe wieder entfernt werden (Wavreille et al., 2007).
Die Einführung der negativ geladenen Phosphorylgruppe bewirkt Konformationsänderung-

1 Einleitung

en der betroffenen Proteinabschnitte (Johnson und Lewis, 2001). Sie sind häufig darauf zurückzuführen, dass ionische Wechselwirkungen mit einem oder mehreren benachbarten Arg-Resten ausgebildet werden (Walsh et al., 2005). Diese durch Phosphorylierungen ausgelösten Strukturveränderungen im Protein oder Teilen davon können zu Änderungen von Enzymaktivitäten, Lokalisationen in der Zelle oder auch Interaktions- und Dissoziationsreaktionen führen. Dadurch kann nahezu jeder Teil des Zellzyklus' beeinflusst werden (Cohen, 2002). Beispielsweise phosphoryliert die cAMP-aktivierte Proteinkinase A zur Signalweiterleitung mehr als 100 Proteine sowohl an Ser als auch an Thr (Shabb, 2001).

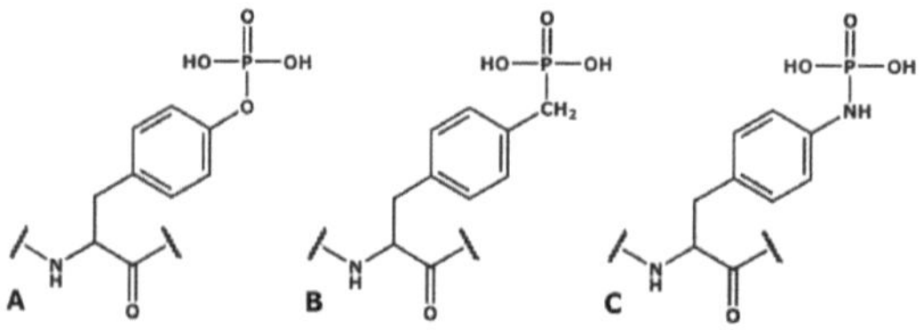

Abbildung 1.1: Phosphorylierung am Tyrosin und Beispiele für Phosphoanaloga. A. Phosphotyrosin, B: Phosphonomethylen-L-phenylalanin (Phosphonat) (Austausch von Sauerstoff zu Kohlenstoff), C: Phosphoramidat (Austausch von Sauerstoff zu Stickstoff).

Im humanen Proteom existieren mehr als 500 Kinasen, die damit eine der größten Enzymgruppen darstellen, die posttranslational modifiziert sind (Manning et al., 2002). Ein Regulierungsmechanismus der Kinaseaktivität besteht darin, dass sie sich über eine Autophosphorylierungsreaktion selbst inaktiviert, und erst spezifische Signale (wie die Anregung des T-Zellrezeptors im Zuge der adaptiven Immunantwort) führen zur Dephosphorylierung (Cohen, 2000). Diese erhöht die katalytische Aktivität der Kinase über Konformationsänderungen (Johnson und Lewis, 2001). So interagieren beispielsweise die SH2- und SH3-Domänen der Src-Tyrosinkinase HCK zur Regulation der Kinaseaktivität intramolekular mit Peptidmotiven von HCK (Sicheri et al., 1997) und die katalytische Aktivität der Abl Proteinkinase wird über Phosphorylierungen an elf Positionen, von denen neun an Tyr-Motiven auftreten, reguliert (Steen et al., 2003).
Zusätzlich zu der großen Anzahl an Kinasen, kodiert das Humangenom für etwa 150 Phosphatasen, die sowohl eine Ser/Thr- oder Tyr-Spezifität als auch eine duale Spezifität (Ser und Tyr) aufweisen können (Jackson und Denu, 2001). Mehr als zwei Drittel der Phosphatasen zeigen jedoch eine ausgeprägte Tyr-Spezifität (Alonso et al., 2004).
Die Dauer und Intensität der phosphorylierungsvermittelten Signalverstärkung muss über Rückkopplungsmechanismen kontrolliert werden (Abbildung 1.2). Dies kann zu einer Abschwächung bzw. auch vollkommen Abschaltung des Signals führen. Über solche Mechanismen hat sich das beschriebene Zusammenspiel von Kinasen und Phosphatasen zur Signalweiterleitung in Form von Proteinphosphorylierungen so entwickelt, dass es in einem sensiblen Gleichgewicht vorliegt. Veränderungen in diesem Gleichgewicht, die

z.B. aufgrund von Mutationen im Genom ausgelöst werden, können zur Ausprägung verschiedener Krankheiten führen. Der Einsatz von spezifischen Kinaseinhibitoren als Pharmakon greift genau an dieser Stelle in die Krankheitsausbildung ein. So inhibiert der Wirkstoff STI571/Imatinib (Handelsname: Glivec) beispielsweise die c-Abl Tyrosinkinase (Schindler et al., 2000). Dieses Protoonkogen bildet mittels reziproker Translokalisation mit dem BCR-Gen ein aktives Onkogen. Das daraus entstehende, auch als „Philadelphia-Gen" bezeichnete, Gen ist Auslöser für verschiedene Arten der Leukämie. Abhängig von der Position des Bruchs im BCR-Gen können z.b. die chronische myeloische (CML), die akute lymphatische (ALL) oder die akute myeloische Leukämie (AML) ausgebildet werden.

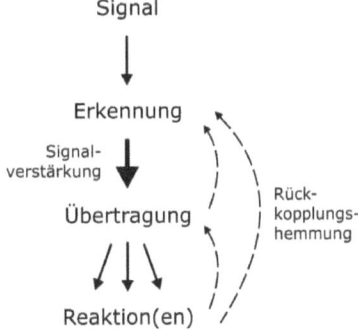

Abbildung 1.2: Allgemeines Prinzip der Signalübertragung. Ein Signal wird über Wechselwirkungen wahrgenommen, in andere chemische Formen übersetzt und weitergeleitet. Vor der Reaktionsauslösung findet im Allgemeinen eine Signalverstärkung statt. Die Vorgänge werden durch Rückkopplungsmechanismen gesteuert. (Abbildung nach Berg et al., 2003.)

Der therapeutische Einsatz von Kinase-Inhibitoren sollte jedoch sehr überlegt erfolgen, da es unterschiedliche Spezifitäten von einzelnen Wirkstoffen gibt. So wirkt Imatinib (Glivec) nur auf drei von 142 getesteten Kinasen inhibierend, wogegen die Stoffe Dasatinib (Handelsname: Sprycel) und Bosutinib (in der Zulassung) inhibitorische Effekte gegen 39 bzw. 53 Kinasen zeigen (Bantscheff et al., 2007a). Bei Verwendung von Imatinib lassen sich also weniger Nebenwirkungen erwarten, jedoch kann der Einsatz der beiden anderen Wirkstoffe trotz ungewollter Konkurrenzreaktionen bei Ausprägung von Resistenzen mitunter notwendig werden.

Ein grundlegendes Verständnis der Funktionsweise von Signalübertragungswegen im Zusammenhang mit Protein-Phosphorylierungen ist somit gerade im Hinblick auf den Einsatz in der Pharmakologie unabdingbar. Da Phosphorylierungen jedoch einem reversiblen Prozess unterliegen, kann oftmals die Untersuchung von funktionsrelevanten Eigenschaften durch die zeitliche Begrenzung der Phosphorylierung oder die Schnelligkeit der Reaktion erschwert sein. So müssen z.B. die Dissoziationsraten von SH2-Domänen verhältnismä-

1 Einleitung

ßig hoch sein, damit auf Impulse zur Signalübertragung schnell reagiert werden kann (Pawson und Nash, 2000).

1.1.2 Methoden zur Charakterisierung von Protein-Protein-Wechselwirkungen

Es existieren zahlreiche Methoden zur Identifizierung und Charakterisierung von Protein-Protein-Wechselwirkungen. Dabei wird im Allgemeinen zuerst eine Technik angewendet, mit deren Hilfe man eine vorurteilsfreie Suche nach bis *dato* unbekannten Wechselwirkungen durchführen kann. Im Anschluss daran können physikalische, chemische oder spektroskopische Methoden dafür verwendet werden, die vorher identifizierten potentiellen Bindungspartner von einzelnen Proteinen zu bestätigen und genauer zu charakterisieren (Berggard et al., 2007). Somit werden im ersten Ansatz ganze Netzwerke von Protein-Protein-Wechselwirkungen hypothesefrei betrachtet, wohingegen im weiteren Verlauf eine starke Reduktion der Freiheitsgrade stattfindet, sodass letztendlich Wechselwirkungen zwischen einzelnen Proteinen untersucht werden.

Zur Untersuchung von direkten Wechselwirkungen zwischen einzelnen Proteinen können (unter vielen anderen) beispielsweise Methoden wie die ITC (Isothermale Titrationskalorimetrie [*isothermal titration calorimetry*]), die NMR (Kernspinresonanz [*nuclear magnetic resonance*]) oder die SPR (Oberflächenplasmonenresonanz [*surface plasmon resonance*]) angewendet werden.

Die ITC ist dabei *die* Methode, um quantitative Daten der thermodynamischen Eigenschaften von Protein-Protein-Wechselwirkungen zu bestimmen (Pierce et al., 1999). Durch die Messung der verbrauchten oder abgegebenen Wärme bei Einstellung des Gleichgewichts einer Bindung, werden die Werte der Assoziationskonstanten (K_A), der Stöchiometrie und der Enthalpie bestimmt. Dafür müssen sowohl die Konzentrationen der zu bestimmenden Proteine in Lösung bekannt sein, als auch die verwendeten Puffer sorgfältig gewählt sein. So kann eine unzureichende Stabilität eines der Proteine dazu führen, dass nicht genügend Messpunkte zur Bestimmung der Parameter akquiriert werden können.

Die NMR ist eine spektroskopische Methode, die die Untersuchung der elektronischen Umgebung einzelner Atome und ihrer Wechselwirkungen mit Nachbaratomen erlaubt. Somit kann sie zur Strukturaufklärung sowohl von einzelnen Proteinen, als auch von Proteinkomplexen eingesetzt werden (Schneider et al., 1998). Da jedoch zur besseren Detektion eine Isotopenmarkierung einzelner Atome nötig ist, große Probenmengen für eine Messung benötigt werden und außerdem eine Limitierung in der Größe der zu untersuchenden Moleküle besteht, ist eine Anwendung der NMR nicht in jedem Fall sinnvoll. Die SPR-Methode liefert sowohl Informationen zur Affinität als auch der Assoziations- und Dissoziationskonstanten (K_D) von Bindungen. Obendrein ist es eine markierungsfreie Methodik, die nur geringe Probenmengen benötigt (Berggard et al., 2007). Durch die Kopplung von Proteinen an eine Oberfläche besteht jedoch die Gefahr, dass Proteine in einer inaktiven Form vorliegen oder die gemessenen Bindungsparameter nicht denen in Lösung entsprechen.

Alle bisher beschriebenen Methoden werden in artifiziellen Puffersystemen mit wenigen Proteinen durchgeführt. Im Gegensatz dazu, muss zur Bestimmung von unbekannten Wechselwirkungen aus biologischen Proben vor allem darauf geachtet werden, dass während des Untersuchungsprozesses möglichst Bedingungen herrschen, die *in vivo*-Bedingungen sehr nahe kommen. Experimentbedingungen, die stark von der Situation in der Zelle oder dem Gewebe abweichen und dadurch z.B. die Abspaltung von reversiblen PTMs begünstigen, können leicht zu falsch-positiven oder falsch-negativen Ergebnissen führen. Außerdem sollte vor Beginn des Experiments abgewogen werden, aus welchem Zellkompartiment die an der Wechselwirkung beteiligten Partner bestimmt werden sollen. Zum Teil kann es sinnvoll sein, nur bestimmte Zellbestandteile (z.B. Kernproteine) für die Identifizierung der Wechselwirkungen zu verwenden, wenn bekannt ist, dass die zu untersuchenden Proteine nur in diesen Kompartimenten lokalisiert sind (Simo et al., 2008). Eine Reduktion des Proteinhintergrundes und eine Erhöhung der Konzentration der aufgereinigten Proteine kann vor allem bei der Bestimmung von schwachen Wechselwirkungen entscheidend sein (Phizicky und Fields, 1995). Dabei sollte jedoch beachtet werden, dass aufwendige Reinigungs- bzw. Anreicherungsverfahren eine weitere Entfernung von der natürlichen Situation darstellen und zu Proteinverlusten in jedem Schritt führen, die sich bei allen Proteinen unterschiedlich auswirken können (Lottspeich und Zorbas, 1998).

Eine in Hefe durchgeführte *in vivo*-Methode zur hypothesefreien Bestimmung von Protein-Protein-Wechselwirkungen ist das Hefe-Zwei-Hybridsystem (*yeast two hybrid* [Y2H]; [Fields und Song, 1989]). Dafür wird der Transkriptionsfaktor Gal4 verwendet, da er bestimmte Gene des Galactose-Stoffwechsels von *Saccharomyces cerevisiae* anschaltet. Ursprünglich besteht das Gal4-Protein aus einer DNA-Bindungsdomäne (DBD) und einer Transaktivierungsdomäne (TAD), die jedoch im Y2H-Ansatz voneinander getrennt sind. Die DBD wird zusammen mit der cDNA des Köder-Proteins und die TAD zusammen mit der cDNA des Beute-Proteins in zwei Plasmiden kloniert. Nur wenn Köder und Beute miteinander wechselwirken, kommen beide Domänen in räumliche Nähe zueinander, was zur Expression von β-Galactosidase führt. Diese ist durch eine einfache Farbreaktion (weiß-

1 Einleitung

nach-blauer Farbumschlag) in der Hefekultur nachzuweisen und zu selektieren. Der Y2H-Ansatz ist auf Proteine festgelegt, die im Kern lokalisiert sind. Der Einsatz dieser Technik in Hochdurchsatzverfahren (Uetz et al., 2000; Ito et al., 2001) führte zur Identifizierung einer erheblichen Anzahl von potentiellen Interaktionspartnern, wobei sich jedoch eine deutliche Varianz zwischen den Studien zeigte (Ito et al., 2001). Einige Köder-Proteine weisen schon alleine eine Transkriptionsaktivität auf. Sie zeigen dadurch auch ohne räumliche Nähe zur TAD Wachstum, was die häufigen falsch-positive Ergebnisse der Methode erklärt (Phizicky und Fields, 1995). Der genaue Anteil falsch-positiver Ergebnisse ist nicht bekannt, jedoch wird geschätzt, dass 50% der identifizierten Wechselwirkungen nicht verlässlich sind (Deane et al., 2002).

Mit der Methode der Immunpräzipitation (IP) wird (vor allem für präparative Aufreinigungen) mittels eines an eine feste Phase immobilisierten Antikörpers (Köder) ein Protein (Beute) aus einer Proteinlösung (z.B. Zelllysat) extrahiert. Dies wird ermöglicht, da der Antikörper spezifisch mit einem Teil des Proteins (Epitop) interagiert und so eine Bindung zwischen beiden Molekülen stattfinden kann. Bei der Koimmunpräzipitation (Co-IP) werden mit Hilfe von immobilisierten Antikörpern nach demselben Prinzip ganze Proteinkomplexe isoliert. Durch eine entsprechende Wahl der Extraktionsbedingungen können Proteine, die sekundär mit dem antikörpergebundenen Protein assoziiert sind, gebunden bleiben. Die Isolation weniger Proteine aus einer Mischung von tausenden unterschiedlichen Proteinen hat die Aufkonzentration und Separierung des Komplexes zur Folge. Somit werden Proteinkomplexe in ihrer Gesamtheit erhalten, was eine Bestimmung von zellulären Netzwerken ermöglicht. Eine Limitierung der Methode besteht in der Spezifität der präsentierten Antikörper (Bauer und Küster, 2003). Ungewollte Kreuzreaktionen mit mehreren Proteinen können somit zur Anreicherung falsch-positiver Interaktionspartner führen.

Auch exprimierte Proteine, die ein Glutathion-S-Transferase (GST)-Affinitätsepitop tragen, werden zur Aufreinigung von Proteinen oder Proteinkomplexen verwendet (GST-Pulldown). Für diese Methode wird ein rekombinantes Fusionsprotein mit GST in *Escherichia coli* (*E. coli*) überexprimiert und an einem festen Träger immobilisiert. Die mit dem Fusionsprotein interagierenden Proteine können nun isoliert werden. Problematisch ist jedoch, dass einige Proteine nur schwer in *E. coli* überexprimiert und in Lösung gebracht werden können und auch dann nicht gesichert ist, dass die Struktur der Proteine der nativen Form entspricht. Eine weitere Limitierung besteht darin, dass relevante PTMs in *E. coli* nicht eingeführt werden können, und deshalb Protein-Protein-Wechselwirkungen, in denen solche Modifizierungen eine Rolle spielen, nicht untersucht werden können (Bauer und Küster, 2003).

1.1 Protein-Protein-Wechselwirkungen

Eine weitere alternative Methode ist die Tandem-Affinitätsaufreinigung (*tandem affinity purification* [TAP]). Sie basiert auf einer schrittweisen Proteinaufreinigung, die zwei unterschiedliche Eigenschaften nutzt: eine Immunglobulin G (IgB)-Bindungsdomäne des Protein A aus *Staphylococcus aureus* (ProtA) und ein Calmodulin-bindendes Peptid (CBP), die durch eine Tabakätzvirus (*tobacco etch virus* [TEV])-Schnittstelle verbunden sind (Rigaut *et al.*, 1999). Das daraus entstehende Konjugat wird C- oder N-terminal (Amino-terminal) (Puig *et al.*, 2001) mit dem zu untersuchenden Protein fusioniert, in den Wirtsorganismus eingebracht und möglichst unter Aufrechterhaltung des natürlichen Expressionsgrades exprimiert. Die Aufreinigung des Proteins bzw. erhaltenen Proteinkomplexes erfolgt über eine Affinitätsreinigung an einer IgG-Matrix mit anschließender Abspaltung unter Verwendung der TEV-Schnittstelle. Das verbleibende Konjugat wird an einer Calmodulin-Matrix in Anwesenheit von Calcium erneut aufgereinigt und durch EGTA-Zusatz aufgrund der Komplexierung der Calcium-Ionen eluiert. Durch diese Art der Aufreinigung können unspezifisch an das Trägermaterial bindende Proteine erheblich reduziert werden (Gingras *et al.*, 2005), jedoch erhöht sich aufgrund der mehrfachen Affinitätsreinigungen auch die Gefahr, schwächere Bindungspartner zu verlieren und nur stark bindende Proteine (K_D-Werte <50 nM) zu detektieren (Piehler, 2005).

Für viele der beschriebenen Methoden zur Bestimmung von Wechselwirkungen in globalen Netzwerken ist die Massenspektrometrie die Methode der Wahl zur Identifizierung von unbekannten Bindungspartnern. So konnten durch den Einsatz von hypothesefreien LC (Flüssigchromatographie [*liquid chromatographie*]-MS (Massenspektrometrie)-Ansätzen in Verbindung mit Affinitätsreinigungen viele Protein-Protein-Wechselwirkungen bestimmt werden (Puig *et al.*, 2001; Blagoev *et al.*, 2003; Burckstummer *et al.*, 2006).

In den letzten Jahren wurden zusätzlich zu den schon beschriebenen Methoden auch Methoden aufbauend auf der (chemischen) Synthese von Peptiden etabliert. Mit deren Hilfe werden Proteinbindungen nachgeahmt, um dadurch Zugang zu einer genaueren Untersuchung von biologischen Fragestellungen zu erhalten (Eichler, 2008). So wurden beispielsweise kombinatorische Peptidbibliotheken aufgebaut, um die Bindungseigenschaften dieser mit Proteinen genauer zu charakterisieren (Bachi *et al.*, 2008; Simo *et al.*, 2008). Diverse Arbeiten konnten außerdem zeigen, dass Peptid-Protein-Interaktionsexperimenten (*Pulldown*-Experimente) mit trägergebundenen synthetisierten Peptiden, die auf realen Proteinsequenzen basieren, geeignet sind, um Wechselwirkungen zwischen Proteinen und kurzen Peptidsequenzen zu untersuchen (Gururaja *et al.*, 2003; Schulze und Mann, 2004; Schulze *et al.*, 2005; Zhou *et al.*, 2007; Boschetti und Righetti, 2009). Der Einsatz von chemischen oder enzymatischen Ligationsstrategien (Hackenberger und

1 Einleitung

Schwarzer, 2008; Pritz *et al.*, 2009) kann es ermöglichen, größere natürliche Peptidsequenzen als mit herkömmlichen Strategien nachzubilden, sodass die Varietät in der Wahl der *Pulldown*-Systeme deutlich erhöht wird. Außerdem können auch nichtproteinogene Aminosäuren oder unnatürliche Modifizierungen in die Peptidsequenz integriert werden, was zu einer Erhöhung der chemischen oder strukturellen Diversität und Stabilität in natürliche Peptidsequenzen beiträgt (Eichler, 2008). Gerade der Einfluss von Proteinphosphorylierungen auf Wechselwirkungen zwischen Proteinen, die (wie in Abschnitt 1.1.1 beschrieben) einem reversiblen Prozess unterliegen und aus diesem Grund nicht stabil gegenüber Phosphataseaktivität sind, kann über chemoselektive Ligations- und Modifizierungsstrategien untersucht werden. So wurden z.b. mittels Protein-Semisynthese gezielte Untersuchungen von Phosphorylierungen im biologischen Kontext ermöglicht (Wu *et al.*, 2001; Vogel und Imperiali, 2007).

Für die Verwendung von Peptiden in *Pulldown*-Experimenten muss jedoch sichergestellt werden, dass die Reinheit der matrixgebundenen Peptide möglichst hoch ist. Dies kann vor allem bei Direktsynthesen an der Matrix problematisch sein (Shin *et al.*, 2005), da keine Qualitätskontrolle in Form von LC-MS-Analysen durchgeführt werden kann. Zusätzlich sollte die Menge des gebundenen Peptids (Beladung der Matrix) auf die Affinität der zu untersuchenden Wechselwirkungen abgestimmt sein, da (i) eine zu geringe Peptidbeladung keine ausreichende Bindung und Extraktion der Bindungspartner zur Folge haben (Howell *et al.*, 2006) und (ii) eine zu hohe Peptidbeladung unspezifische Wechselwirkungen bedingen kann (Chen *et al.*, 2009).

Eine große Herausforderung peptidbasierter und anderer Affinitätsreinigungen stellt die gleichzeitige Anreicherung von potentiell interagierenden Proteinen zusammen mit „unspezifisch" bindenden Proteinen dar (Howell *et al.*, 2006). Zu letzteren zählen z.B. hoch abundante zelluläre Proteine des Zytoskeletts, Translationsfaktoren oder auch Chaperone (Gavin *et al.*, 2002). Da die Menge an bindendem Protein sowohl von der Stärke der Affinität zum Köder als auch von der Konzentration des Proteins abhängt (Nooren und Thornton, 2003), können hoch abundant vorkommende Proteine mit geringer Affinität somit im selben Maße angereichert auftreten wie wenig abundante Proteine, die eine starke Affinität zum Köder zeigen. Der Einsatz von quantitativen MS-Methoden, auf die in Abschnitt 1.2.4 genauer eingegangen wird, macht es möglich, genau diese Differenzierung von potentiell interagierenden Proteinen und „unspezifisch" bindenden Proteinen vorzunehmen. Trotzdem müssen stringente Waschprozeduren zur Unterscheidung von „unspezifisch" bindenden Proteinen durchgeführt werden, wodurch teilweise die Sensitivität der Messung vermindert wird (Gerber *et al.*, 2009).

Mittels quantitativer MS-Methoden wurden anhand des Vergleichs von modifizierten und den korrespondierenden unmodifizierten Peptidsequenzen PTM-vermittelten Wechselwirkungen untersucht (Schulze und Mann, 2004; Vermeulen *et al.*, 2007; Zhou *et al.*, 2007; Christofk *et al.*, 2008). Durch solche unvoreingenommenen MS-Ansätze konnte z.b. die Pyruvatkinase M2 als ein phosphotyrosinbindendes Protein bestimmt werden (Christofk *et al.*, 2008). Auch die Wechselwirkung von Transkriptionsfaktoren mit dem methylierten Histon H3 wurde mittels quantitativer MS identifiziert (Vermeulen *et al.*, 2007). Eine Verknüpfung von quantitativer MS mit Phosphopeptid-*Pulldown*-Experimenten mit dem Ziel, Signalwege zu untersuchen, zeigte, dass einzelne Phosphorylierungsstellen für sehr spezifische Protein-Protein-Wechselwirkungen verantwortlich sind (Miller *et al.*, 2008; Hanke und Mann, 2009).

Zusätzlich zu chemischen, biochemischen und molekularbiologischen Methoden werden mit der Weiterentwicklung der Bioinformatik auch immer häufiger *in silico*-Verfahren zur Bestimmung von Protein-Protein-Wechselwirkungen angewendet. So wurden z.b. Datenbanken etabliert, die existierende Ergebnisse auflisten und in Zusammenhang zueinander stellen (Yap *et al.*, 2000; Zanzoni *et al.*, 2002; Cusick *et al.*, 2009; Ceol *et al.*, 2010; Smialowski *et al.*, 2010; Vanhee *et al.*, 2010) oder Algorithmen zur Vorhersage der Wechselwirkungen von Proteindomänen entwickelt (Brannetti *et al.*, 2000; Obenauer *et al.*, 2003; Ferraro *et al.*, 2006; Lehrach *et al.*, 2006; Zhang *et al.*, 2006; Hou *et al.*, 2009). Diese Methoden können im Allgemeinen einen sehr guten Überblick über identifizierte Wechselwirkungen geben oder auch Anhaltspunkte dafür liefern, welche weiteren Wechselwirkungen wahrscheinlich sind. Jedoch müssen potentielle Bindungspartner aus solchen Untersuchungen in jedem Falle durch unabhängige Methoden verifiziert werden.

Auch in der vorliegenden Arbeit wurden Peptid-*Pulldown*-Verfahren unter Einbeziehung der Massenspektrometrie zur Identifizierung und Quantifizierung von Proteinen eingesetzt. Darum soll im Folgenden genauer auf die Methodik der MS eingegangen werden.

1.2 Massenspektrometrie in der Proteomanalyse

Die Massenspektrometrie (MS) ist eine Analysetechnik, mit deren Hilfe sich die Molekülmassen freier Ionen im Hochvakuum bestimmen lassen (Lottspeich und Zorbas, 1998). Ein Massenspektrometer besteht aus einer Ionenquelle, in der die zu untersuchenden Moleküle ionisiert und in die Gasphase überführt werden, einem Massenanalysator, der die

1 Einleitung

Ionen nach ihrem Masse-zu-Ladungsverhältnis (m/z) trennt und einem Detektor, der die relativen Intensitäten der Ionen in einem Massenspektrum aufzeichnet (Aebersold und Mann, 2003). Obwohl die MS schon seit vielen Jahrzehnten für die Analyse besonders von kleinen organischen Molekülen eingesetzt wurde, konnte sie sich in der Peptid- und Proteinanalytik erst nach Einführung schonender Ionisierungsmethoden, wie der Elektrosprayionisierung (ESI) und der matrixunterstützten Laserdesorption/Ionisierung (MALDI), durchsetzen. Beide Methoden werden im Anschluss näher betrachtet.

1.2.1 MALDI- und ESI-MS

Bei der matrixunterstützten Laserdesorptions-/Ionisationsmassenspektrometrie (*matrix assisted laser desorption/ionisation* [MALDI]) werden Analytmoleküle, die in einer geeigneten Matrix kokristallisiert sind, desorbiert und ionisiert, indem sie mit einem gepulsten Laser bestrahlt werden (Karas und Hillenkamp, 1988; Tanaka *et al.*, 1988). Das Grundprinzip des MALDI-Prozesses besteht in der Absorption von Laserlicht einer definierten Wellenlänge durch eine im 1000-10000-fachen Überschuss zur Probe gegebene Matrixsubstanz. Die Kokristallisation von Analyt und Matrix bewirkt, dass bei Einstrahlung mit einem starken Laserpuls (10^6-10^7 W/cm^2, 3-5 ns) explosionsartig Matrixmolekülcluster mit eingebauten Analytmolekülen freigesetzt werden. Dies führt zur Ionisierung und Überführung der Analytmoleküle in die Gasphase, jedoch ist der Mechanismus der Ladungsübertragung von der Matrix auf die Analytmoleküle bisher nicht vollständig geklärt (Karas und Kruger, 2003; Chang *et al.*, 2007; Knochenmuss, 2008). Für die MALDI-MS geeignete Matrices müssen ein Absorptionsmaximum im Bereich der eingestrahlten Wellenlänge des verwendeten Lasers (z.B. Stickstofflaser [337 nm], Nd:YAG-Feststofflaser [266 nm, 355 nm]) aufweisen. In der Protein- und Peptidanalytik haben sich vor allem Matrices durchgesetzt, die auf einer aromatischen Grundstruktur basieren und unterschiedlich substituiert sind. In der Peptidanalytik wird häufig α-Cyano-4-hydroxyzimtsäure (CHCA) verwendet, da sie aufgrund ihrer gleichmäßigen Kristallisierung auch bei automatisierten Messungen sehr gute Ergebnisse zeigt (Gobom *et al.*, 2001). Für die Analytik von größeren Molekülen wie Proteinen oder Proteindomänen werden auch 2,5-Dihydroxybenzoesäure (DHB) und 3,5-Dimethoxy-4-hydroxyzimtsäure (Sinapinsäure) eingesetzt.

Die von Fenn *et al.* entwickelte Elektrosprayionisationsmassenspektrometrie (ESI-MS) ist eine Methode, die zur Ionenbildung und Desolvatisierung, d.h. der Transformation der Analytmoleküle in Lösung zu nackten Ionen im Hochvakuum, führt (Fenn *et al.*, 1989). Dafür werden die gelösten Analytmoleküle durch eine leitfähige Spitze (Spraynadel), an der

1.2 Massenspektrometrie in der Proteomanalyse

eine (positive) Hochspannung angelegt wird, versprüht, was zur Bildung eines sogenannten Taylor-Konus führt, von dessen Spitze sich kleine, hochgeladene Tröpfchen abspalten. Die (positiven) Ladungen werden aufgrund der Ladungsabstoßungen auf der Oberfläche präsentiert. Unter kontinuierlichem Lösungsmittelverlust der Tröpfchen durch Verdampfen erhöht sich die Ladungsdichte auf der Oberfläche, sodass es zu spontanen Zerfallsreaktionen (Coulomb-Explosionen) unter Ausbildung von Mikrotröpfchen und anschließender vollständiger Desolvatisierung der Moleküle beim Transfer in das Massenspektrometer kommt (Lottspeich und Zorbas, 1998). Sowohl das Model des geladenen Rückstandes (*charged residue model* [CRM]) als auch das Ionenemissionsmodell (*ion evaporation model* [IEM]) versuchen die Ionenbildung während des Desolvatisierungsprozesses zu beschreiben, können jedoch den Prozess der Ionisierung bisher nicht vollständig erklären (Peschke *et al.*, 2004; Kebarle und Verkerk, 2009). Parallel dazu findet die Überführung der Ionen in das Hochvakuum in einem schrittweisen Prozess statt: Der Transfer in das Vorvakuum wird durch entgegen strömendes, geheiztes Stickstoffgas (*curtain/drying gas*) unterstützt. Dieses unterstützt den Desolvatisierungsprozess der Ionen. In anderen Gerätevarianten werden die Ionen durch eine beheizte Transferkapillare geführt, was zur Desolvatisierung führt. Erst danach erfolgt der Eintritt in das Hochvakuum.

Vor allem die Entwicklung der nano-Elektrosprayionisierung (Wilm und Mann, 1994) war von entscheidender Bedeutung in der Proteomik, da auf diese Art und Weise die Nachweisgrenze in der Elektrosprayionisierung etwa um den Faktor 10 gesenkt werden konnte. Dies ist darauf zurückzuführen, dass durch die geringere Flussrate und das höhere elektrische Feld an der Spitze der fein ausgezogenen Kapillare die Größe der gebildeten Initialtröpfchen reduziert wird. Dadurch werden auch mehr Ladungen auf die einzelnen Tröpfchen übertragen, was zu einem effektiveren Desolvatisierungsprozess führt. Resultierend daraus ist die Menge der Analytmoleküle, die der MS-Analytik zur Verfügung stehen auch im Vergleich zu der Konzentration von Kontaminationen deutlich erhöht (Schmidt *et al.*, 2003). So macht z.B. die Toleranz gegenüber höheren Salzkonzentrationen die nanoESI zusätzlich für biochemische Experimente interessant (Wilm und Mann, 1996; Juraschek *et al.*, 1999). Ein weiterer Vorteil einer Reduzierung der Flussraten auf wenige nL/min (im Gegensatz zu mehreren µL/min) ist, dass dadurch nur wenige µL der zur analysierenden Probe für umfangreiche MS-Studien benötigt werden. Vor allem für proteomische Analysen ist häufig die zur Verfügung stehende Probenmenge der limitierende Faktor.

1 Einleitung

1.2.2 Tandem-Massenspektrometrie

Die Trennung der mittels MALDI und ESI ionisierten Moleküle nach ihrem m/z-Verhältnis in sogenannten Massenanalysatoren stellt einen entscheidenden Prozess in der MS dar. An den MALDI-Ionisierungsprozess schließt sich im Allgemeinen eine Analyse mittels Flugzeitanalysator (*time of flight* [TOF]) an (Lottspeich und Zorbas, 1998; Knochenmuss, 2008). Diesem Analysator liegt das Prinzip zugrunde, dass sich das Quadrat der Zeit, die ein beschleunigtes Ion in der freien Driftstrecke (Hochvakuum) für die Zurücklegung einer definierten Strecke benötigt, direkt proportional zu seinem m/z-Verhältnis verhält. Somit erreichen Ionen mit kleinem m/z-Verhältnis den Detektor eher als Ionen mit großem m/z-Verhältnis. TOF-Analysatoren besitzen eine Massenauflösung (Halbwertsbreite, *full width at half maximum* [FWHM]) von etwa 1000 FWHM. Durch die Detektion im Reflektron (r)-Modus kann diese erheblich gesteigert werden, sodass rTOF-Analysatoren eine Auflösung von bis zu 15000 FWHM zeigen (Nielen *et al.*, 2007). Die Kombination von TOF-Analysatoren und MALDI-Geräten ist naheliegend, da sowohl der zur Ionisierung genutzte Laser als auch der Analysevorgang TOF gepulst sind (Chernushevich *et al.*, 2001). MALDI-TOF-MS wird häufig zur Erzeugung von Peptidmassenfingerabdrücken (*peptide mass fingerprint* [PMF]) eingesetzt, was zur Identifizierung einzelner Proteine im Zuge von Proteomanalysen beiträgt. Unter Einsatz von Tandem-MS- bzw. MS/MS-Verfahren, d.h. dem Einsatz von Fragmentierungsmethoden zur Bestimmung der Massen von Peptidfragmenten, kann die Analysensicherheit der auf PMFs basierenden Identifizierungen deutlich erhöht werden. So ist durch die Verwendung von zwei in Reihe geschalteten TOF-Analysatoren eine äußerst genaue Proteinidentifizierung möglich, die Informationen aus PMF und Fragmentionen-Spektren kombiniert. Einzelne MALDI-Messungen liefern äußerst schnell sowohl PMF- als auch MS/MS-Informationen, jedoch können dabei vor allem niedrig abundante Massen in komplexen Proteinmischungen verloren gehen. Da aber eine Kopplung zwischen MALDI und LC relativ aufwendig und die Trennung und Messung sehr zeitintensiv ist, konnte sich die Methode als Hochdurchsatzverfahren schlecht etablieren. Eine relativ neue Anwendung der MALDI zeigt sich in bildgebenden Verfahren (MALDI-*imaging*). Dabei wird eine direkte Proteinidentifizierung an Gewebeschnitten vor allem für klinische Anwendungen in der Proteomik genutzt (Franck *et al.*, 2009), wodurch Proteine und vor allem kleine Moleküle ortsaufgelöst in Zellen dargestellt werden können. Gerade in der Pharmakokinetik wird diese Technik, z.B. für die Bestimmung der Medikamentenverteilung in einzelnen Organen, vermehrt angewendet.
Ein weiterer Massenanalysator ist der Quadrupol, den man als Breitbandmassenfilter zum

1.2 Massenspektrometrie in der Proteomanalyse

Ionentransfer oder als speziellen Massenfilter, um nur Ionen mit einem bestimmten m/z-Verhältnis zum Detektor passieren zu lassen, verwenden kann. Dieser Analysator ist stark verbreitet und wird häufig in Verbindung mit der Elektrosprayionisierung eingesetzt, da ein schnelles, kontinuierliches Scannen zu einer exakten Erfassung des Ionenstroms führt. Jedoch ist die Massenauflösung von Quadrupolgeräten mit 500-1000 FWHM deutlich geringer als von TOF-Instrumenten. Der Einsatz von Triple-Quadrupolgeräten ist jedoch weit verbreitet. Vor allem bei der Quantifizierung in der zielorientierten Proteomik (*targeted proteomics*) mittels *multiple reaction monitoring* (MRM) kommen Triple-Quadrupolgeräte zum Einsatz. Ein deutlicher Auflösungsgewinn verbunden mit einer besseren Messgenauigkeit wird durch eine Kombination von Triple-Quadrupolen mit TOF-Analysatoren erreicht, was solche QTOF-Geräte vor allem für komplexe Proteomanalysen auch im Zusammenhang mit der Quantifizierung von Proteinen (Schlundt et al., 2009) attraktiv macht.

Ionenfallen (*iontrap*) zur Massenanalyse folgen im Wesentlichen dem Messprinzip eines Quadrupols. Sie bestehen aus einer Ringelektrode mit zwei Endkappen, durch die Ionen über zentrische Einlassöffnungen in die Falle und aus der Falle gelangen können. Ionenfallen erreichen etwa 10-fach höhere Scangeschwindigkeiten als Quadrupolanalysatoren sowie moderate Massengenauigkeiten und Auflösungen von bis zu 10000 FWHM, haben jedoch im Vergleich zu den Triple-Quadrupolgeräten eine geringere Genauigkeit bei der Quantifizierung. Für die Peptidsequenzierung kann auch die wiederholte Isolierung und Fragmentierung von Vorläuferionen (MS^n), sowie die Möglichkeit, niedrig abundante Ionen zu akkumulieren, interessant sein.

Eine sehr viel höhere Massenauflösung von bis zu $2*10^6$ FWHM kann durch die Verwendung der Fouriertransformationsionencyclotronresonanz (FT-ICR)- oder Orbitrap (OT)-MS erzielt werden. Bei beiden Messverfahren wird eine Resonanzfrequenz gemessen und durch eine Fouriertransformation (FT) in ein Massensignal übersetzt. Die OT (Makarov, 2000) ist eine Variante der Ionenfalle, in der sich bewegende Ionen auf Bahnen um eine spindelförmige Elektrode gehalten werden. Die elektrostatische Anziehungskraft der Ionen zur Elektrode wird durch die entgegengesetzte Zentrifugalkraft kompensiert und führt zu einer tangentialen Bewegung der Ionen um die Elektrode. Für jedes Ion ergibt sich daraus ein Signal in Form einer spezifischen Sinusfunktion. Durch die gleichzeitige Messung einer Vielzahl von Ionen entsteht eine starke Überlagerung der Signale in der Frequenzebene, die erst mit Durchführung einer FT in Signale eines Massenspektrums umgewandelt und unterschieden werden können. Die Besonderheit ist hier, dass in der OT selbst keine Fragmentierungen durchgeführt werden können. Aufgrund der hohen Massengenauigkeit werden OTs meist als Hybridgeräte, d.h. gekoppelt an andere Analysatortypen wie der li-

1 Einleitung

nearen Ionenfalle (LTQ) gebaut. Ähnlich wie QTOF-Geräte können LTQ-OT-Hybridgeräte für die Analyse und Quantifizierung komplexer Proteingemische eingesetzt werden und haben sich vor allem im Bereich der Proteomik seit ihrer Einführung zu einer Art „Goldstandard" etablieren können (Mitchell, 2010).

Die schon mehrfach angesprochene Tandem-MS- bzw. MS/MS-Technik ist eine zwei-Schritt-Massenanalyse, bei der das zu fragmentierende Ion (Vorläuferion) vorselektiert und per mehrfacher Kollision mit einem Inertgas (wie z.b. Stickstoff oder Argon) schrittweise durch multiple Stöße energetisch aufgeheizt wird (CID- oder HCD-Fragmentierung). Alternativ kann auch die Reaktion mit Elektronen (ECD) oder Elektronendonoren (ETD) zur Fragmentierung verwendet werden.

Definierte Brüche im Peptid (Abbildung 1.3) führen zur Bildung von sogenannten Fragment- bzw. Produktionen, die zur eindeutigen Zuordnung als a-, b-, c- bzw. x-, y-, z-Ionen definiert wurden (Roepstorff und Fohlman, 1984). Bei einem Bruch im Peptid werden meist die Ladungen des Vorläuferions auf die Fragmente verteilt.

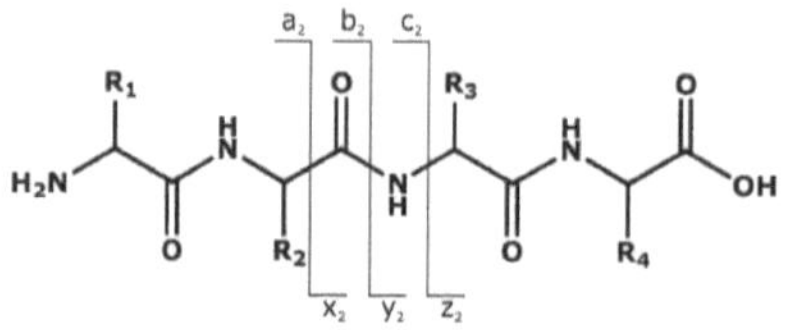

Abbildung 1.3: Schema der Fragmentierung von Peptiden. Bei der Fragmentierung eines Ions können Ionen entstehen, die den N-Terminus (a-, b-, c-Ionen) bzw. den C-Terminus (x-, y-, z-Ionen) des Vorläuferions enthalten. (Nomenklatur nach Roepstorff und Fohlman, 1984.)

Somit entstehen bei einem einfach geladenen Ion jeweils ein neutrales und ein geladenes Fragment. Bei mehrfach geladenen Vorläuferionen werden die Ladungen aufgrund der Ladungsabstoßung im Allgemeinen auf beide entstehende Fragmente verteilt, sodass zwei Ionen entstehen, die beide im MS detektiert werden können, wodurch häufig eine höhere Sequenzabdeckung erreicht wird. Bei Fragmentierungen nach dem Prinzip der kollisionsinduzierten Dissoziation (*collision induced dissociation* [CID]) entstehen in den meisten Fällen Ionen der y- bzw. b-Serie, d.h. Fragmente, die auf einen Bruch der Peptidbindung zurückzuführen sind. Das resultierende MS/MS-Spektrum stellt alle auftretenden Fragmentionen eines Vorläuferions nach ihren relativen Intensitäten zusammen dar, wodurch sich die Aminosäuresequenz aufgrund der Massenunterschiede zwischen den Peaks bestimmen lässt. Je vollständiger die y- und/oder die b- Serie detektiert werden, desto besser kann die Sequenzbestimmung erfolgen, sodass eine sicherere Proteinidentifizierung basierend auf der Peptidinformation stattfinden kann. Jedoch nicht nur die Massenunterschiede zwischen den Fragmentionen, sondern auch die relative Intensitätsverteilung derselben oder spezifische Massenverluste können Aufschluss darüber geben, welche Aminosäuren im Peptid enthalten sind (Kapp et al., 2003; Parker et al., 2004; Schmidt et al., 2006). Da hierbei jedoch sehr große Unterschiede zwischen einzelnen Geräten und Gerätetypen auftreten, werden solche Informationen selten in Identifizierungsalgorithmen angewendet.

1.2.3 Strategien zur Auftrennung und Analyse komplexer Proteingemische

Die Identifizierung und Charakterisierung von komplexen Proteingemischen (Proteomik) aus kompletten Organen, Zellen, subzellulären Strukturen oder auch *Pulldown*-Experimenten erfordert aufgrund der großen Anzahl an (potentiellen) Analyten sowie dem oft komplexen Matrixhintergrund meist die Anwendung von Fraktionierungsschritten vor der MS-Analytik. Das hat den Sinn, dass Proteine oder daraus resultierende Peptide nach bestimmten Eigenschaften wie Größe, Ladung oder Hydrophobizität separiert werden und somit besser für die Analytik zugänglich sind. Dabei können verschiedene Strategien verfolgt werden, die alle darauf beruhen, dass intakte Proteine vor der MS-Analytik durch Endoproteinasen in definierte Peptide zerlegt werden, die im MS analysiert werden können. Zusätzlich dazu existieren auch Strategien, die eine MS-Analytik von intakten Proteinen zum Ziel haben (*top-down*-Ansätze), aber hier nicht weiter diskutiert werden sollen. Abbildung 1.4 zeigt drei verschiedene Strategien, die jeweils zwei verschiedene Separierungsschritte – entweder Gel- oder LC-basiert – verwenden, um Proteingemische zu trennen und sie der anschließenden MS-Analytik zugänglich zu machen. Dabei wird die MALDI-MS zur Identifizierung von PMFs häufig mit der zweidimensionalen (2D) Gelelektrophorese kombiniert (Abbildung 1.4, [1]).
Die 2D-Gelelektrophorese (Klose, 1975; O'Farrell, 1975) trennt intakte Proteine in der ersten Dimension nach ihrem isoelektrischen Punkt und in der zweiten Dimension in Abhängigkeit von ihrer Größe. Auf diese Art und Weise entsteht ein Gelbild, auf welchem durch Proteinfärbemethoden (wie z.B. colloidaler Coomassiefärbung) eine große Zahl von Proteinen in Form von „Spots" sichtbar gemacht werden kann. Die 2D-Gelektrophorese besitzt ein sehr hohes Auflösungsvermögen, die in Kombination mit MALDI-MS zu einer umfangreichen Charakterisierung und Identifizierung ganzer Proteome eines Organismus eingesetzt wird. Ein großer Vorteil der 2D-gekoppelten MALDI-MS liegt dabei in der Möglichkeit zur Unterscheidung von unterschiedlich modifizierten Spezies eines Proteins (Gorg et al., 2004; Schlüter et al., 2009).
Deshalb kann mit dieser Methode auch eine quantitative Bestimmung von PTMs durchge-

1 Einleitung

führt werden. Jedoch zeigt die Methode auch eine mäßige Reproduzierbarkeit, schwache Sensitivität für niedrig abundante Proteine und einen geringen dynamischen Bereich. Verbunden mit dem Mangel, Membranproteine oder Proteine mit extremem Gewicht bzw. isoelektrischem Punkt darstellen zu können (Anderson und Anderson, 1998; Corthals et al., 2000; Santoni et al., 2000; Gorg et al., 2004), ist diese Kombination gerade für Hochdurchsatzstudien zur Identifizierung und Quantifizierung von Proteinen nur bedingt geeignet, da ein Protein oft viele Spots auf dem Gel erzeugt.

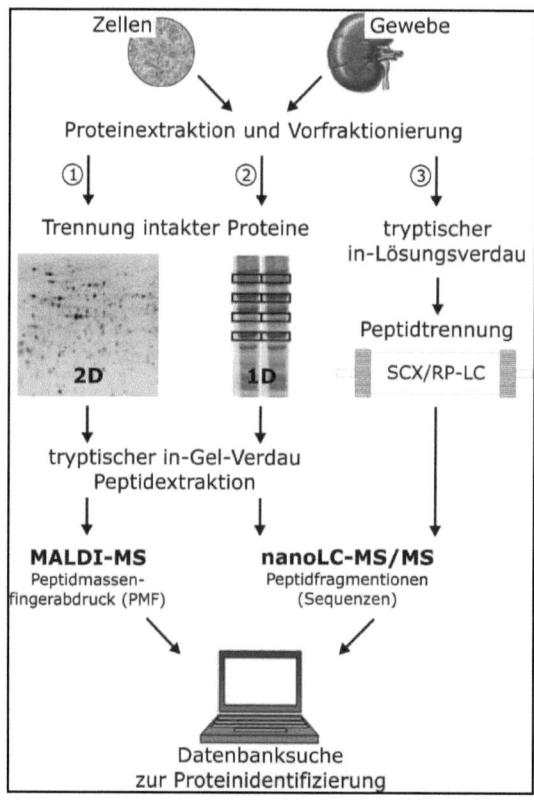

Abbildung 1.4: Strategien zur Proteomanalyse. (1) 2D-Gelelektrophorese und tryptische Peptidextraktion in Kombination mit MALDI-MS zur PMF-Analyse, (2) 1D-Gelelektrophorese und tryptische Peptidextraktion sowie (3) LC-basierte Peptidtrennung verbunden mit nanoLC-MS/MS zur Sequenzanalyse. (Modifiziert von Krause, 2008.)

Unter Verwendung von nanoLC-MS/MS-Methoden in Kombination mit eindimensionaler (1D) Gelelektrophorese (Abbildung 1.4, [2]) oder LC-basierten Methoden (Abbildung 1.4,

1.2 Massenspektrometrie in der Proteomanalyse

[3]) kann eine große Anzahl von Proteinen identifiziert werden. Die 1D-Gelelektrophorese trennt dabei die Proteine nach ihrem Molekulargewicht: Große Proteine „wandern" nur langsam durch das Gel, weshalb sie im oberen Teil des Gels verbleiben, kleine Proteine befinden sich demzufolge im unteren Teil des Gels. Die 1D-Gelektrophorese hat im Vergleich zur 2D-Gelektrophorese ein geringeres Auflösungsvermögen und kann unterschiedlich modifizierte Proteinspezies nicht voneinander trennen, sodass PTMs teilweise schwer zu detektieren sind. Jedoch können in Kombination mit nanoLC-MS/MS-Analysen mehrere tausend Proteine je Gelspur identifiziert werden. Auch niedrig abundante Proteine sowie Proteine, die für die Trennung mittels 2D-Gelelektrophorese problematische Eigenschaften besitzen wie z.b. Membranproteine können getrennt und anschließend mittels MS/MS identifiziert werden (Körbel et al., 2005a). Dabei führt die Verwendung von Flussraten im Nanoliterbereich zu einer erheblichen Erhöhung der Sensitivität sowohl bezüglich der LC als auch der MS. Im Großen und Ganzen werden jedoch die Sensitivität und der dynamische Bereich der Methode durch die Qualität der MS/MS-Messung bestimmt. Zudem gibt ein Einsatz der Tandem-MS zur Fragmentierung der Peptide eine große Sicherheit in der Identifizierung der Proteine. Die peptidbasierte Quantifizierung von Proteinen mittels stabilen Isotopenmarkierungsverfahren ist ebenfalls sehr verbreitet (vgl. dazu Abschnitt 1.2.4). Diese beiden bisher beschriebenen Strategien beruhen auf einer gelbasierten Trennung von intakten Proteinen mit anschließender Proteinextraktion mittels in-Gel-Verdau (Rosenfeld et al., 1992) durch z.B. die Endoproteinase Trypsin. Im Gegensatz dazu wird bei der dritten Strategie ein in-Lösungsverdau der Proteine, gefolgt von zwei LC-basierten Peptidtrennungen, durchgeführt. Dabei können in der ersten Dimension z.B. starke Kationenaustauscher (*strong cation exchange* [SCX]) oder Umkehrphasen (*reversed phase* [RP]) zum Einsatz kommen (Washburn et al., 2001; Gilar et al., 2005). Wie bei der 1D-Gelelektrophorese wird die zweite Trennung mittels nanoLC gekoppelt an ein MS/MS-fähiges Gerät durchgeführt, wodurch ähnliche Parameter bezüglich Sensitivität, Reproduzierbarkeit und Dynamik erreicht werden können. Auch in dieser Methode können, wie schon in der zweiten Strategie beschrieben, verschiedene Proteinspezies nicht voneinander unterschieden werden. Jedoch werden Probenverluste durch die direkte Kopplung zwischen den LC-Trennungen minimiert. Ein attraktives Anwendungsfeld dieser Strategie liegt vor allem auch im Bereich von Quantifizierungen, die auf Peptidebene eingebracht werden (vgl. dazu Abschnitt 1.2.4). Dabei werden durch die frühzeitige Kombination der unterschiedlich markierten und zu vergleichenden Proben Quantifizierungsfehler vermieden. Die gleichzeitige Trennung und Analyse führt dazu, dass geringfügige Unterschiede in den Trennungen den Quantifizierungswert nicht verfälschen.

1 Einleitung

1.2.4 Quantifizierung in der Massenspektrometrie

In den Anfangszeiten der MS-basierten Proteomanalytik stand der Nachweis von genetisch vorhergesagten Proteinen im Vordergrund. Mit der Zeit setzte sich jedoch immer mehr die Erkenntnis durch, dass erst quantitative Aussagen über den Gehalt einzelner Proteine ein Verständnis von Proteinnetzwerken vermitteln können. Somit wird häufig angestrebt, aus jedem MS-Experiment zusätzlich zur Proteinidentifizierung auch quantitative Informationen zu gewinnen (Wilm, 2009).

Die MS ist *per se* keine quantitative Messmethode, da die Signalintensität einer Masse im Spektrum nicht unbedingt der Konzentration des Stoffes in der Ausgangsprobe entsprechen muss (Wilm, 2009). Sowohl für MALDI- als auch ESI-MS sind Ionensuppressionseffekte beschrieben. Diese führen dazu, dass Peptide mit hoher Protonenaffinität im MALDI besser ionisieren als Peptide mit einer geringeren (Krause *et al.*, 1999; Karas *et al.*, 2000) oder, dass im ESI Matrixeffekte (Taylor, 2005) bzw. bei Flussraten über 20 nL/min Analytsuppressionseffekte (Schmidt *et al.*, 2003) zu beobachten sind. Diese Problematik führte zur Entwicklung von Methoden, mit deren Hilfe auch quantitative Aussagen aus MS-Experimenten getroffen werden können. Dabei unterscheidet man zwei verschiedene quantitative Verfahren: die Bestimmung von (i) absoluten Proteinmengen in der Probe oder (ii) relativen Veränderung als Vergleich von zwei (oder mehreren) Proben (Ong und Mann, 2005). Abbildung 1.5 zeigt eine Übersicht möglicher Quantifizierungsmethoden, die häufig in proteomischen Experimenten Anwendung finden. Zahlreiche Methoden basieren auf dem Prinzip der stabilen Isotopenverdünnungstheorie (Leenheer und Thienpont, 1992) die besagt, dass sich ein mit stabilen (nicht radioaktiven) schweren Isotopen (z.B. ^{13}C, ^{15}N, ^{18}O) markiertes Peptid chemisch identisch zum unmarkierten Peptid verhält. Folglich zeigen beide Peptide während der chromatographischen Auftrennung und der massenspektrometrischen Analyse das gleiche Verhalten (Bantscheff *et al.*, 2007b). Dies wird für Methoden verwendet, bei denen die zu vergleichenden Proben mit „leichten" und „schweren" Isotopen markiert werden. Die Proben werden daraufhin zusammengeführt und alle anschließenden Experimentschritte einschließlich den LC-MS/MS-Analysen werden mit der vereinigten Probe durchgeführt. Dadurch finden sich Fehler in Aufarbeitung oder Experiment-zu-Experiment-Variationen in beiden Zuständen wieder, wodurch die Vergleichbarkeit gewährleistet ist.

Über den Einsatz von isotopenmarkierten Standardsubstanzen können auch absolute Quantifizierungen durchgeführt werden. Bei der absolute Quantifizierung von Proteinen über die AQUA-Methode werden der Probe markierte Analoga von bestimmten, meist

1.2 Massenspektrometrie in der Proteomanalyse

tryptischen, Peptidsequenzen beigemischt (Gerber et al., 2003; Keshishian et al., 2007). Dies ist aber nur bei wenig komplexen Proben sinnvoll und erfordert außerdem Vorwissen bezüglich der zu quantifizierenden Peptide.

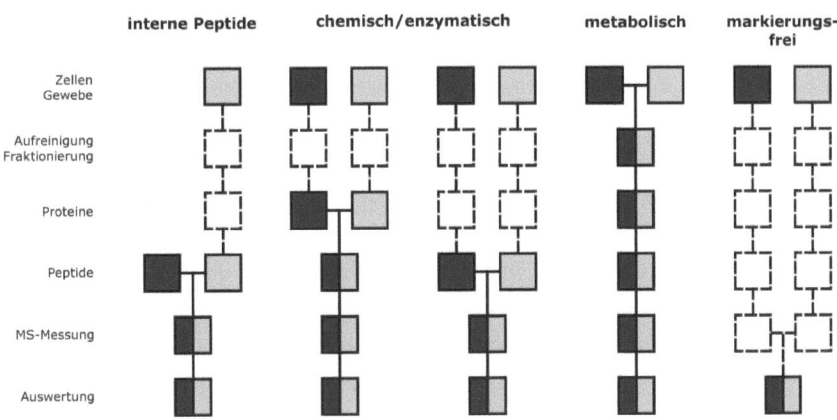

Abbildung 1.5: Methoden zur Quantifizierung in der Massenspektrometrie. Dunkel- und hellgraue Quadrate repräsentieren zwei zu vergleichende Zustände. Die Probenvereinigung ist gekennzeichnet durch eine horizontale Linie. Parallele Experimentabläufe ohne Probenvereinigung (gestrichelte Linien) können zu Variationen und Fehlern in der Quantifizierung führen. (Verändert nach Ong und Mann, 2005).

Relative Quantifizierungsmethoden basieren häufig darauf, dass mittels gerichteten Reaktionen die zu untersuchenden Proben unterschiedlich modifiziert werden. Dabei werden reaktive Gruppen der Aminosäuren wie Thiol- oder Aminogruppen dazu genutzt, kovalente Bindungen zwischen diesen und chemischen Reagenzien zu knüpfen. Bei Verwendung von „leichten" und „schweren" Isotopen führt dies zur Einführung unterschiedlich schwerer Markierungen in die zu vergleichenden Proben und zu detektierbaren Verschiebungen im MS bzw. MS/MS. Dabei können Bindungen über den Schwefel des Cys (ICAT, MeCAT) oder die Aminogruppen an den Seitenketten bzw. dem N-Terminus (ICPL, iTRAQ) hergestellt werden (Gygi et al., 1999; Ross et al., 2004; Schmidt et al., 2005; Ahrends et al., 2007). Mit diesen Methoden werden die Proteinveränderungen in zwei oder mehreren Proben relativ zueinander bestimmt. Zusätzlich können mit der MeCAT-Methode absolute Proteinmengen bestimmt werden. Die Quantifizierung im MS erfolgt hierbei sowohl auf Basis der Intensität von Peptidmassen (ICAT, ICPL) oder Fragmentmassen (iTRAQ) als auch aufgrund der Menge von im ICP-MS gemessenen Metallmolekülen (MeCAT).

Für markierungsfreie Quantifizierungen werden die zu vergleichenden Proben getrennt aufgearbeitet und LC-MS/MS vermessen. Relative Quantifizierungen erfolgen dann bei-

1 Einleitung

spielsweise über einen Vergleich der Signalintensitäten von tryptischen Peptiden oder die Anzahl der Spektren eines Proteins (Old et al., 2005; Zhu et al., 2010). Markierungsfreie Quantifizierungen sind dabei äußerst attraktiv für die Anwendung vor allem bei vielen zu vergleichenden Experimenten, da keine Einschränkung aufgrund der Anzahl von zur Verfügung stehenden Isotopenmarkierungen besteht. Im Gegensatz zu Isotopenmarkierungsverfahren tritt auch keine Verkomplizierung der Spektren durch isotopenmarkierte Spezies auf. Jedoch sind diese Methoden der Quantifizierung am ungenauesten, da sich sämtliche Experimentvariationen in Aufarbeitung und Trennung in den MS-Daten widerspiegeln. Auch sind im Allgemeinen komplizierte Auswerteverfahren bzw. statistische Algorithmen nötig, um eine verlässliche Zuordnung zwischen verschiedenen LC-Läufen zu erreichen. Eine nicht minder aufwendige Auswertung ist bei der Quantifizierung mittels MRM nötig. Dies ist eine weitere Möglichkeit der markierungsfreien Quantifizierung, die häufig im sogenannten Bereich des *targeted proteomics* eingesetzt wird. Die Methode besitzt dabei einen wesentlich höheren linearen dynamischen Bereich und eine größere Reproduzierbarkeit (Wolf-Yadlin et al., 2007). Ohne Vorwissen bezüglich der zu quantifizierenden Proteine ist hier allerdings keine Aussage möglich, da eine Quantifizierung mittels Triple-Quadrupolgeräten über eine gleichzeitige Überwachung sowohl von Peptiden als auch korrespondierenden, repräsentativen Peptidfragmenten erfolgt.

In der vorliegenden Arbeit wurden zwei weitere Verfahren, die stabile Isotopenmarkierung durch Aminosäuren in Zellkultur (*stable isotope labeling by amino acids in cell culture* [SILAC]) und die enzymatische Markierungsmethode mit ^{18}O-Wasser zur relativen Proteinquantifizierung genutzt, weshalb diese Methoden im Folgenden ausführlicher betrachtet werden sollen.

Die SILAC-Methode ist ein metabolisches Markierungsverfahren. Zwei Zellkulturpopulationen werden parallel kultiviert. Eine Zellkultur wird in normalem Medium gezüchtet, in der zweiten Zellkultur werden bestimmte Aminosäuren durch ihre mit stabilen Isotopen markierten Pendants ausgetauscht (Abbildung 1.6, A). Dadurch entsteht im MS eine Massenverschiebung, die mit dem Massenunterschied von „leichter" und „schwerer" Aminosäure korreliert (Abbildung 1.6, B).

Bei Einführung der Methode (Ong et al., 2002) wurde die essentielle Aminosäure Leucin zur Markierung eingesetzt. Da bei dieser jedoch ein Austausch von Wasserstoff zu Deuterium stattfand, wurden bei einigen Peptiden aufgrund von Isotopeneffekten Retentionszeitverschiebungen in der LC beobachtet. Die chromatographische Koelution ist aber eine wichtige Voraussetzung für eine exakte Quantifizierung. Erst später wurde Arginin, bei dem ^{12}C zu ^{13}C ausgetauscht wurde, zur Markierung eingesetzt (Ong et al., 2003). Inzwi-

1.2 Massenspektrometrie in der Proteomanalyse

schen ist es gängig, markiertes Arginin und Lysin zur Markierung in der Zellkultur einzusetzen. Beide Aminosäuren eignen sich gut für die Markierung, da die Standardvorbereitung für die LC-MS/MS-Analytik im Verdau mit der Proteinase Trypsin besteht, die C-terminal nach Arg und Lys spaltet (vgl. dazu Abschnitt 1.2.3).

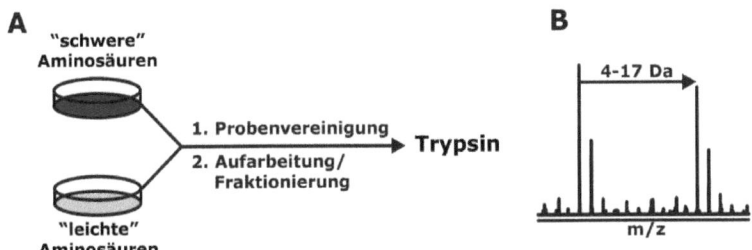

Abbildung 1.6: SILAC-Markierungsverfahren. A: Prinzip des Verfahrens bis zum Trypsinverdau. B: Abhängig von der verwendeten Aminosäure entsteht zwischen markierter und unmarkierter Probe ein variabler Massenunterschied im MS. Durch Kombination unterschiedlich markierter Aminosäuren können auch mehr als zwei Proben miteinander verglichen werden.

Somit erhält man – mit Ausnahme des Arg- und Lys-freien C-Terminus – Peptide, in denen mindestens eine markierte Aminosäure enthalten sind. Trotz der umfangreichen Berechnungen, die bei der Quantifizierung von komplexen Proteinproben nötig werden, ist inzwischen eine relativ unkomplizierte Auswertung möglich. Mit der zunehmenden Anwendung der SILAC-Methode sind fortlaufend verbesserte Auswertealgorithmen für komplexe Datensätze entwickelt worden, die eine (semi-)automatische Quantifizierung möglich machen (Schulze und Mann, 2004; Cox und Mann, 2008).

Die zweite Methode, die in der vorliegenden Arbeit angewendet wurde, ist das enzymatische ^{18}O-Markierungsverfahren. Die Markierung mit ^{18}O-Wasser ist eine Technik, die schon seit vielen Jahren Anwendung in der Proteinchemie findet (Murphy und Clay, 1979; Desiderio und Kai, 1983; Rose et al., 1983; Schnölzer et al., 1996). Hierbei werden mittels säure-, esterase- oder proteasekatalysiertem Einbau von „schwerem" Sauerstoff am C-Terminus markierte Peptide hergestellt. Vor allem der enzymvermittelte Einbau von ^{18}O-Molekülen etablierte sich zur Anwendung in proteomischen Experimenten (Yao et al., 2001; Johnson und Muddiman, 2004; Zang et al., 2004; Körbel et al., 2005b; Mirgorodskaya et al., 2005; Jia et al., 2006). Abbildung 1.7 (A) zeigt die Hydrolyse der Peptidbindung durch die Endoproteinase Trypsin.

In Gegenwart von ^{16}O- oder ^{18}O-Wasser wird das resultierende Peptid entweder „leicht"- oder „schwer"-markiert. Untersuchungen zu Protease/Substrat- und Protease/Produkt-

1 Einleitung

Wechselwirkungen zeigten, dass Enzyme wie z.B. Trypsin oder Glu-C nicht nur eine einfache Hydrolyse des Proteins durchführen. Zusätzlich dienen die enzymatisch generierten Peptidfragmente mit der C-terminalen Carboxylgruppe erneut als Enzymsubstrat, wodurch der Einbau eines weiteren Sauerstoffatoms in der Carboxylgruppe ermöglicht wird (Schnölzer et al., 1996). Durch den doppelten ^{16}O- bzw. ^{18}O-Austausch wird die Masse im MS um 4 Da verschoben (Abbildung 1.7, B).

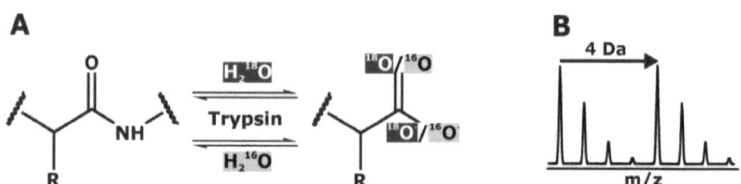

Abbildung 1.7: ^{18}O-Markierungsverfahren. A: Prinzip der Markierung während des Trypsinverdaus. B: Durch Hydrolyse und weiterer Wechselwirkungen zwischen Peptid und Enzym erfolgt ein zweifacher Sauerstoffeinbau, der zu einer Massenverschiebung von 4 Da im MS führt. (Der einfache Sauerstoffeinbau mit einer Verschiebung von 2 Da ist aus Gründen der Übersicht nicht dargestellt.)

Aufgrund von Überlagerungseffekten zwischen den Isotopenmustern insbesondere bei höhermolekularen Peptiden sowie der Möglichkeit des Auftretens von partiell- (d.h. einfach-)markierten Peptiden, müssen an die Auswertesoftware hinsichtlich Erkennung der monoisotopischen Peaks und Isotopenmuster hohe Anforderungen gestellt werden (Miyagi und Rao, 2007; Fenselau und Yao, 2009). Mit frei erhältlichen Softwareentwicklungen wie ZoomQuant (Hicks et al., 2005), msInspect (Bellew et al., 2006) oder Census (Park et al., 2008) konnten diese Anforderungen teilweise erfüllt werden. Durch die kommerzielle *Quantitation Toolbox* des *Mascot Distiller* der Firma Matrix Science (Perkins et al., 1999) wurde eine nahezu automatische Quantifizierung ermöglicht, die bis zu diesem Zeitpunkt nur über eine manuelle Extraktion der Peakintensitäten mit sich anschließenden komplizierten Berechnungen praktiziert wurde.

1.3 Protein-Protein-Wechselwirkungen in der T-Zell-Aktivierung

Protein-Protein-Wechselwirkungen sind wie bereits beschrieben essentiell für die Signalweiterleitung in biologischen Systemen. Dieses trifft auch in der T-Zellaktivierung zu, wobei hier der T-Zellrezeptor (*T cell receptor* [TCR]) entscheidende Funktionen übernimmt. Der

1.3 Protein-Protein-Wechselwirkungen in der T-Zell-Aktivierung

TCR ist ein Proteinkomplex, der aus zwei Untereinheiten (α/β bzw. γ/δ) besteht, welche durch eine Disulfidbrücke miteinander verbunden sind. Der Rezeptor ist in tausenden Kopien auf der Oberfläche von T-Zellen (T-Lymphozyten) verankert, wobei die N-Termini der Untereinheiten die Zellmembran der T-Zellen bis in das Zytoplasma hinein durchdringen. Seine Aufgabe besteht darin, die Erkennung von Peptidepitopen (Antigenen) zu ermöglichen, die auf der Oberfläche von Zellen durch Haupthistokompatibilitätskomplexe (*major histocompatibility complex* [MHC]) präsentiert werden. Durch die gleichzeitige Präsentation von MHC und Peptid kann die T-Zelle eine Unterscheidung zwischen körpereigenen und körperfremden bzw. pathogenen Antigenen treffen (Klausner und Samelson, 1991) und gegebenenfalls eine Immunantwort auslösen. Auch übermäßig große Mengen körpereigener Antigene, durch die z.B. maligne Tumore gekennzeichnet sind, können erkannt werden. Zusammen mit B-Zellen ermöglichen T-Zellen die adaptive (oder erworbene) Immunantwort.

T-Zellen sind über ihre glykosylierten Oberflächenproteine CD4 und CD8 (*cluster of differentiation 4 und 8*) charakterisiert. Beide Oberflächenproteine verstärken die Bindung zwischen TCR und Antigen durch die spezifische Wechselwirkung mit MHC-Molekülen. Zytotoxische T-Zellen (CTL) sind $CD4^-CD8^+$ und erkennen Antigene, die von antigenpräsentierenden Zellen (*antigen presenting cell* [APC]) mit Hilfe von MHC-Klasse 1-Molekülen präsentiert werden. Nach erfolgter Antigenerkennung wird die infizierte Zelle durch Ausschüttung von Perforinen und Granzymen in den kontrollierten Zelltod (Apoptose) getrieben. Bei $CD4^+CD8^-$-T-Zellen handelt es sich um sogenannte T-Helferzellen, die MHC-Klasse 2-Moleküle erkennen. Die Auswirkungen der Antigenerkennung durch T-Helferzellen kann dabei vielseitig sein: Es kann u.a. eine Aktivierung von Makrophagen (Fresszellen), von CTLs mit anschließender Apoptose oder von B-Zellen zur Produktion von Antikörpern erfolgen. Außerdem gibt es weitere Formen von T-Zellen, wie z.B. regulatorische T-Zellen, welche die Kontrolle über die Stärke der Immunantwort übernehmen oder T-Gedächtniszellen, die dafür sorgen, dass eine schnellere Immunantwort bei erneuter Infektion mit dem gleichen Erreger erfolgen kann.

Der TCR ist für sich allein nicht in der Lage, nach der Antigenerkennung das Signal zur Aktivierung der T-Zelle in das Innere der T-Zelle weiterzuleiten. Dies liegt hauptsächlich daran, dass der N-terminale Teil der Untereinheiten, der sich im Zytoplasma der T-Zelle befindet, relativ kurz ist. Erst durch Assoziation des TCR mit dem CD3-Komplex und der ζ-Kette bildet sich ein funktionsfähiger TCR-Komplex (Ashwell und Klausner, 1990). Sowohl CD3 als auch ζ-Kette bestehen aus Transmembranproteinen mit hochkonservierten Peptidabschnitten im Zytoplasma der T-Zelle, den sogenannten ITAM-Sequenzen (*immu-*

1 Einleitung

noreceptor tyrosine-based activation motif). Diese sind für die Signalweiterleitung in das Zytoplasma zuständig.

Die beschriebene spezifische Bindung von Antigen (präsentiert durch APC) und TCR-Komplex führt zur Stimulierung der T-Zelle, wodurch eine Kaskade von Signalwegen zur Aktivierung, Proliferation und Differenzierung der T-Zelle in Gang gesetzt wird (Horn et al., 2009). Zur vollständigen Aktivierung der T-Zelle kommt es jedoch erst, wenn eine Kostimulierung von CD28 erfolgt. Dieser Rezeptor der T-Zelle erkennt die APC-Rezeptoren CD80 und CD86 (Vincenti und Luggen, 2007) und fungiert als Kontrollmechanismus, um eine zufällige Aktivierung der T-Zelle auszuschließen. Der Prozess der TCR-Signalweiterleitung in Verbindung mit anschließenden Adhäsionsereignissen wird als sogenanntes *inside-out-signaling* (Dustin und Springer, 1989) bezeichnet.

Eines der ersten detektierbaren Ereignisse im T-Zellsignalweg ist die Aktivierung von Integrinen (Burbach et al., 2007). Nach Signalübertragung in das Zytoplasma erfolgt die mehrfache Phosphorylierung der ITAM-Sequenzen im Zytoplasma der T-Zelle durch Tyrosin-Proteinkinasen der Src-Familie (Bezman und Koretzky, 2007). Dies führt zu weiteren Phosphorylierungsreaktionen an Kinasen und Adapterproteinen (Geng et al., 1999; Raab et al., 1999) unter Ausbildung eines Multiprotein-Komplexes an der Membran. Obwohl schon viele Proteine identifiziert wurden, die entscheidende Funktionen in diesem Komplex übernehmen, wie die Proteine LAT (Linker für die Aktivierung von T-Zellen), ZAP70 (ζ-assoziiertes Protein von 70 kDa), SLP76 (SH2-Domänen-enthaltendens Leukozytenprotein von 76 kDa), die Src-Familien-Kinase Fyn oder auch das adhäsions- und degranulierungsfördernde Adapterprotein ADAP (*adhesion and degranulation promoting adapter protein*), ist der gesamte Mechanismus der TCR-Erkennung und Umwandlung in ein zelluläres Signal erst rudimentär aufgeklärt (Bezman und Koretzky, 2007).

Aufgrund der wichtigen Stellung des Adapterproteins ADAP in der TCR-vermittelten Signalübertragung wird im folgenden Abschnitt genauer auf dieses Protein eingegangen.

1.3.1 Das Adapterprotein ADAP

Adapterproteinen fehlen enzymatische Aktivitäten oder Rezeptorfunktionen. Sie zeichnet jedoch aus, dass sie über ihre funktionalen Domänen an der Ausbildung von Signalkomplexen beteiligt sind (Menasche et al., 2007). Das adhäsions- und degranulierungsfördernde Adapterprotein ADAP (*adhesion and degranulation promoting adapter protein*) nimmt dabei eine zentrale Rolle in der Integrinaktivierung ein (Griffiths et al., 2001; Peterson et al., 2001). ADAP wird in Blutzellen identifiziert, wobei B-Zellen und Erythrozyten hierbei

1.3 Protein-Protein-Wechselwirkungen in der T-Zell-Aktivierung

eine Ausnahme darstellen. Das Protein wird auch in leukämischen T-Zelllinien wie Jurkat-T-Zellen exprimiert.

ADAP besitzt zahlreiche Proteinbindungsmotive (Abbildung 1.8), welche domänenvermittelte Wechselwirkungen mit anderen Proteinen ermöglichen (da Silva *et al.*, 1997; Schraven *et al.*, 1997; Liu *et al.*, 1998; Marie-Cardine *et al.*, 1998; Krause *et al.*, 2000). So finden sich im N-Terminus von ADAP prolinreiche Sequenzen, über die das SH3-Domänen-Protein SKAP55 (Src-Kinase-assoziiertes Phosphoprotein von 55 kDa) mit ADAP wechselwirken kann (Liu *et al.*, 1998; Marie-Cardine *et al.*, 1998). Für die beiden strukturierten, helikalen SH3-Domänen im C-Terminus von ADAP (Heuer *et al.*, 2004; Heuer *et al.*, 2005) konnten nur teilweise Bindungspartner gefunden werden. Während die C-terminale hSH3-Domäne vornehmlich mit negativ geladenen Lipiden interagiert, sind die Bindungseigenschaften der N-terminalen hSH3-Domäne noch völlig unklar (Piotukh *et al.*, 2007; Zimmermann *et al.*, 2007).

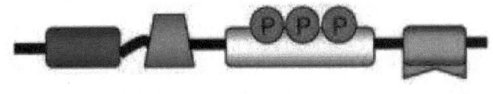

Abbildung 1.8: Primärstruktur des Adapterproteins ADAP. Blau: prolinreiche Sequenz, Orange: EVH1, Rot: Phosphorylierungsmotive, Grün: SH3-Domänenregion. (Aus: Bezman und Koretzky, 2007.)

Als Folge der TCR-Stimulierung wird ADAP mehrfach an Tyr-enthaltenen Sequenzen phosphoryliert (da Silva *et al.*, 1993; da Silva *et al.*, 1997; Musci *et al.*, 1997; Boerth *et al.*, 2000; Griffiths *et al.*, 2001; Peterson *et al.*, 2001; Sylvester *et al.*, 2010). Diese und weitere potentiellen Phorsphorylierungsmotive befinden sich hauptsächlich im C-Terminus von ADAP. Abgesehen von Phosphorylierungen sind keine weiteren PTMs an ADAP bekannt. Phosphorylierungen von einigen dieser Tyr-Motive werden entscheidende Funktionen im Zusammenhang mit dem TCR-Signalweg zugeschrieben. Das YDGI-Motiv am Tyr 625 bindet die Fyn-Kinase (da Silva *et al.*, 1993), die im Gegenzug ADAP *in vivo* phosphorylieren kann (da Silva *et al.*, 1997; Raab *et al.*, 1999). Weiterhin existieren zwei YDDV-Motive (Tyr 595 und Tyr 651), die durch die SH2-Domäne des Adapterproteins SLP76 erkannt werden (Geng *et al.*, 1999; Raab *et al.*, 1999). Dieses Protein bindet wiederum die Proteine VAV1, NCK1/2, ITK, PLCγ 1 und GRAP2. Erst durch die Wechselwirkung zwischen SLP76 und GRAP2 wird der Komplex zum membranständigen Protein LAT rekrutiert, da GRAP2 sowohl an phosphoryliertes LAT als auch an SLP76 bindet (Bezman und Koretzky, 2007).

1 Einleitung

1.3.2 SH2-Domänen

SH2-Domänen sind strukturierte Elemente von vielen Kinasen, Phosphatasen, Adapterproteinen und Transkriptionsfaktoren. Sie übernehmen im TCR-Signalweg entscheidende Funktionen (Moran et al., 1990; Pawson et al., 2001). SH2-Domänen wurden das erste Mal Mitte der 1980er Jahre als konservierte Regionen in Protein-Tyrosinkinasen der Src-Familie identifiziert (Sadowski et al., 1986). Sie stellen die größte Gruppe der Phosphotyrosinbindungsdomänen dar, wobei etwa 120 SH2-Domänenproteine im humanen Genom kodiert sind (Yaffe, 2002; Liu et al., 2006). Sie bestehen aus etwa 100 Aminosäureresten, die sich in antiparallele β-Faltblattstrukturen mit zwei angeschlossenen α-Helices orientieren, wobei sich ihre N- und C-Termini abgewandt von der Phosphotyrosin-Bindungsstelle befinden. Obwohl viele SH2-Domänen ähnlich aufgebaut sind, zeigen sie trotzdem sequenzspezifische Unterschiede im Bindungsverhalten an phosphorylierte Tyr-Peptidmotive. Bestimmt wurden solche Bindungsmotive diverser SH2-Domänen über Experimente mit umfangreichen Peptidbibliotheken (Songyang et al., 1993; Huang et al., 2008). Diese Studien zeigten, dass die spezifischen Erkennungs- und Bindungsmotive in der Peptidsequenz C-terminal zum Phosphotyrosin liegen und 3-6 Aminosäuren umfassen.

Da viele am TCR-Signalweg beteiligte Proteine SH2-Domänen enthalten, scheinen phosphorylierungsvermittelte Wechselwirkungen entscheidende Funktionen zuzukommen. Weitere Untersuchungen zu Phosphorylierungen des Adapterproteins ADAP und deren Einfluss auf die Ausbildung von spezifischen Proteinwechselwirkungen und Proteinkomplexen sollte einen Beitrag zum besseren Verständnis der Rolle von Adapterproteinen im TCR-Signalweg und der damit verbundenen T-Zell-Aktivierung liefern.

1.4 Zielstellung dieser Arbeit

Ziel dieser Arbeit war es, einen peptidbasierten Affinitäts-*Pulldown* zu entwickeln, der Untersuchungen zu phosphorylierungsvermittelten Protein-Protein-Wechselwirkungen in Abhängigkeit von spezifischen Phosphorylierungspositionen erlaubt. Dabei sollte ein hypothesefreier Ansatz von quantitativen LC-MS-Methoden zur Anwendung kommen.
Im ersten Schritt sollten methodische Untersuchungen zur Etablierung einer optimalen Vorgehensweise stehen. Dabei standen Untersuchungen zur Präparierung von geeigneten kovalenten Peptid-Träger-Konjugaten und die Reduzierung von unspezifischer Proteinbin-

1.4 Zielstellung dieser Arbeit

dung im Vordergrund. Darauf aufbauend sollten differentielle Peptidinteraktionsexperimente (*Pulldown*-Experimente) unter Verwendung von phosphorylierten und den korrespondierenden unphosphorylierten Peptiden zur Bestimmung phosphorylierungsabhängiger Interaktionspartner des Adapterproteins ADAP durchgeführt werden. Dafür sollten diverse Peptidsequenzen untersucht werden, von denen (i) Bindungspartner aus der Literatur bzw. (ii) noch keine relevante Information bezüglich aufgetretener phosphorylierungsspezifischer Wechselwirkungen bekannt sind. Die Schwierigkeit, die zu erwartende geringe Anzahl von spezifisch bindenden Proteinen vor dem Hintergrund einer großen Anzahl von hoch abundanten, unspezifisch bindenden Proteinen identifizieren zu können, sollte über quantitative MS-Verfahren unter Einbeziehung von stabilen Isotopenmarkierungen gelöst werden. Dazu sollten zwei Methoden vergleichend verwendet werden: das stabile Isotopenmarkierungsverfahren durch Aminosäuren in Zellkultur (*stable isotope labeling by amino acids in cell culture* [SILAC]) und die enzymatische ^{18}O-Markierung mit schwerem Wasser.

Weiterhin sollte untersucht werden, inwieweit phosphorylierungsabhängige Wechselwirkungen auch über massenspektrometrische Peptid-*Pulldown*-Experimente mit Phosphotyrosin-Analoga bestimmt werden können. Dazu sollten mit ADAP-Phosphonat- und ADAP-Phosphoramidat-Strukturen eingesetzt werden, die eine höhere Phosphatasestabilität zeigen bzw. eine definierte Freisetzung aus Proteinstrukturen zu bestimmten Zeitpunkten ermöglichen.

1 Einleitung

2 Material und Methoden

2.1 Chemikalien

Alle eingesetzten Chemikalien und Lösungsmittel hatten den Reinheitsgrad *pro analysis* bzw. *gradient grade*. Als Modellproteine wurden Rinderserumalbumin (BSA) (Serva, Heidelberg, DE, mind. 99%) sowie regulatorisches Protein Calmodulin (CaM) aus Rinderhirn (Sigma-Aldrich, München, DE, ~95%) verwendet.

2.2 Peptidsynthese und Aufreinigung

Die Synthese und Reinigung von Peptiden und entsprechenden Phosphopeptiden wurde in der Arbeitsgruppe von Dr. Michael Beyermann (FMP Berlin) durchgeführt. Die Peptide basierend auf der neuronalen Stickstoffmonoxidsynthase (*neuronal nitric oxide synthase* [NOS-I]) (UniProtKB/Swiss-Prot P29475, Isoform I) und dem adhäsions- und degranulierungsfördernden Adapterprotein (*adhesion and degranulation promoting adapter protein* [ADAP]) (UniProtKB/Swiss-Prot O15117) wurden mittels Standardfestphasenpeptidsynthese (SPPS, Merrifield, 1963) unter Verwendung der Fmoc-Strategie (Fields und Noble, 1990) synthetisiert. Zusammenfassend wurden Doppelkopplungen unter Verwendung von vier Äquivalenten der Fmoc-geschützten-Aminosäuren (Sigma-Aldrich, München, DE), vier Äquivalenten 2-(1-*H*-Benzotriazol-1-yl)-1,1,3,3-tetramethyluroniumtetrafluoroborat (TBTU) und acht Äquivalenten *N,N*-Diisopropylethylamin (DIEA) in *N,N*-Dimethylformamid (DMF) durchgeführt.

2 Material und Methoden

Fmoc-Abspaltungen erfolgten mit 20% Piperidin in DMF. Phosphorylierte Aminosäuren wurden über das benzylgeschützte Analogon mit je vier Äquivalenten Fmoc-Ser(PO(OBzl)OH)-OH bzw. Fmoc-Tyr(PO(OBzl)OH)-OH (NovaBiochem, Bad Soden, DE), vier Äquivalenten TBTU und acht Äquivalenten DIEA in DMF (Voraktivierungszeit: 10 min) manuell mittels Einfachkopplung (30 min je Zyklus; Kopplungskonzentration von 0,5 M in DMF) eingebaut. Die Kopplung der darauffolgenden Aminosäure wurde unter Verwendung von TBTU als Aktivierungsreagenz analog durchgeführt.

Die Analoga des Phosphopeptides von ADAP-595 (Abbildung 1.1, B: Phosphonomethylen-L-phenylalanin (Phosphonat) bzw. C: Phosphoramidat) wurden von Dr. Dirk Schwarzer (AG Proteinchemie, FMP Berlin) bzw. Dr. Remigiusz Serwa (AG Hackenberger, FU Berlin) hergestellt. Die Synthese des Phosphonat enthaltenden Peptidanalogon zu ADAP-595 wurde ebenfalls mittels SPPS unter Verwendung von Fmoc-geschütztem Phosphonat (Iris Biotech, Marktredwitz, DE) durchgeführt (Dr. Dirk Schwarzer). Für die Synthese des geschützten Phosphoramidats wurde ein Peptid synthetisiert, welches N-terminal an der gewünschten Phosphorylierungsstelle ein p-Azidophenylalanin enthielt. Durch Umsetzung eines Äquivalentes dieses Teilpeptids mit fünf Äquivalenten Tris-(2-nitrobenzyl)-phosphit in DMF über Nacht wurde das geschützte Phosphoramidat gebildet (Serwa *et al.*, 2010). Die restliche Peptidsequenz wurde anschließend durch SPPS erzeugt.

Die Abspaltung der Peptide vom Syntheseharz und vollständige Peptidentschützung erfolgte durch 2-3 h Inkubation mit einer Lösung aus 2% Triisopropylsilan, 5% Phenol und 5% Wasser in Trifluoressigsäure (TFA). Das Produkt wurde in Diethylether gefällt und über präparative Hochleistungsflüssigchromatografie (*high-performance liquid chromatography* [HPLC]) an einer Nucleosil C-18 Säule (250 x 20 mm *i.d.*) mittels linearer Gradientenelution (Eluent A: 0,1% TFA in Wasser, Eluent B: 0,1% TFA in Acetonitril [ACN]) gereinigt. Die synthetisierten Peptide (Tabelle 3.1) wurde mittels analytischer HPLC an einer Polyencap Säule (250 x 4 *i.d.*) überprüft und sollten eine Reinheit von ≥90% zeigen. Die Analyse im MALDI-MS musste die erwarteten [M+H]$^+$-Peaks aufweisen.

2.3 Kovalente Bindung der Peptide an Matrices

Die synthetisierten Peptide wurden über die Thiolgruppe des N-terminal gekoppelten Cys an verschiedene Matrices kovalent gebunden. Als Matrices wurden das Syntheseharz TentaGel SRAM (funktionelle Beladung 0,25 mmol/g) (Rapp Polymere, Tübingen, DE), Titandioxid (TiO_2, Größe: 80 µm bzw. 1-2 mm, funktionalisiert mit Aminosilan) (Sachtleben Chemie GmbH, Duisburg, DE), Cellulose (gehärtet, aschefrei) (Whatman, Maidstone, Kent, GB) sowie Agarose (SulfoLink, Pierce, Thermo Fisher Scientific, Schwerte, DE) getestet. Die freien Hydroxylgruppen der Cellulose wurden ausgehend von der zu erwartenden Beladung mit drei Äquivalenten Fmoc-geschütztem β-Ala gekoppelt. Diese Reaktion wurde zweimal durchgeführt, sodass 2x β-Ala als Abstandshalter eingefügt wurde. Dadurch ergab sich eine funktionelle Beladung der Cellulose von ~90 nmol/Spot (mit einer Größe von ca. 0,2 cm^2). Die Abspaltung der Fmoc-Schutzgruppe an Cellulose und am Syntheseharz erfolgte mit 20% Piperidin in DMF. Syntheseharz, TiO_2 und Cellulose wurden anschließend mit Maleimidohexansäure (M-hex-OH) funktionalisiert, um eine kovalente Verknüpfung über die Schwefelfunktion des Cys zu ermöglichen. Die Kopplung wurde mit vier Äquivalenten M-hex-OH, vier Äquivalenten *O*-(1-*H*-Benzotriazol-1-yl)-*N,N,N',N'*-tetramethyluroniumhexafluorophosphat (HBTU) und acht Äquivalenten DIEA in DMF durchgeführt. Für die anschließende Peptidkopplung wurde eine 1 mM Peptidlösung in PBS-Puffer (*phosphate buffered saline*, 140 mM NaCl, 2,7 mM KCl, 10 mM Na_2HPO_4, 1,8 mM KH_2PO_4, pH 7,3) mit der jeweiligen Matrix 1 h inkubiert und nicht gebundenes Peptid mit PBS-Puffer ausgewaschen. Restliche freie Maleimidogruppen an der Matrix wurden mit 50 mM β-Mercaptoethanol in PBS abgesättigt. Die Lagerung der Peptidkonjugate erfolgte trocken bei 4°C.

Die Peptidkopplung an die Agarose wurde in Anlehnung an das Herstellerprotokoll durchgeführt. Dazu wurde 1 mM Peptidlösung in 50 mM Tris-Puffer, 5 mM EDTA-Na, pH 8,5 mit der Agarosesuspension 1 h inkubiert und nicht gebundene Peptide mit Kopplungspuffer ausgewaschen. Die Absättigung von restlichen freien funktionellen Gruppen erfolgte mit 50 mM β-Mercaptoethanol in Kopplungspuffer. Abschließend wurde die Agarose in 50% ACN in Wasser aufgenommen und in Aliquoten zu je 20 µL (~10 µL Agarose) bei -20°C eingefroren.

2.4 Bestimmung der Peptidbeladung

Zur Bestimmung der Peptidbeladung der Agarosekonjugate wurden Aminosäureanalysen von der Firma Genaxxon Bioscience GmbH (Ulm, DE) durchgeführt. Jede Probe wurde in ein Hydrolyseröhrchen überführt, mit 1 mL 6 N HCl versetzt, unter Vakuum verschmolzen und 24 h bei 110°C hydrolysiert. Anschließend wurden die Proben bei 36°C, 8 h getrocknet (Vakuumzentrifuge). Die getrockneten Proben wurden in 1 mL Na-Acetatpuffer (pH 2,2) aufgenommen. Diese Lösung wurde über eine Millipore-PVDF-Membran filtriert und das Filtrat nach einer 1:4-Verdünnung der Aminosäureanalyse zugeführt. Diese fand auf dem Aminosäureanalysator LC3000 (Eppendorf-Biotronik, Hamburg, DE) mittels Auftrennung des Probengemisches über eine Polymer-Kationenaustauschersäule, Partikelgröße 4 µm, (125 x 4 mm *i.d.*), Nachsäulenderivatisierung mit Ninhydrin bei 125°C und Detektion bei 570 nm statt. Die Datenaufnahme erfolgte mit der Software ChromStar 6.0. Das System wurde mittels des Standards A2908 (Sigma-Aldrich, München, DE) mit Konzentrationen der Aminosäure von 200 nmol/mL bzw. 100 nmol/mL für Cystin kalibriert.

2.5 Expression und Aufreinigung der Fyndomäne

Die verlängerte SH2-Domäne der Fyn-Kinase (Aminosäuresequenz 142-256, UniProtKB/Swiss-Prot P06241, Isoform I) wurde von Katharina Thiemke (AG Protein Engineering, FMP Berlin) exprimiert und gereinigt. Die Nukleotidsequenz der N-terminal Glutathion-S-Transferase (GST)-markierten Fyn-Domäne wurde in den Expressionsvektor pGEX-4T-1 (Pharmacia [Pfizer], Berlin, DE) kloniert. Die Expression erfolgte in *E. coli* BL21(DE3)plysS Zellen (Promega Corporation, Madison, WI, USA) und 2x YT-Medium (Heuer *et al.*, 2005). Bei einer optischen Dichte (OD600) von 1 wurde die Expression mit 1 mM Isopropyl-β-thiogalaktopyranosid (IPTG) induziert und nach vierstündiger Inkubation bei 37°C geerntet. Das Fusionsprotein wurde mittels Glutathion (GSH)-Affinitätschromatographie unter Verwendung einer GSTrap Säule (Pharmacia) gereinigt und über Nacht bei 4°C vom GST mit Rinderthrombin (Merck Bioscience, Darmstadt, DE [25 Einheiten je 40 mg Fusionsprotein]) gespalten. Die Fyn-Domäne wurde anschließend durch Gelfiltration mit PBS-Puffer an Sephadex-75 Agarose (Pharmacia) gereinigt.

2.6 Zellkultur

Die Kultivierung der Jurkat-T-Zellen wurde von Dr. Marc Sylvester (AG Protein Engineering, FMP Berlin) durchgeführt. Dazu wurden die Zellen (Klon: E6-1) in RPMI1640-Medium mit 2 g/L $NaHCO_3$, 2 mM ac-Ala-Gln (Biochrom AG, Berlin, DE) und 10% fötalem Kälberserum (FBS) bei 37°C und feuchter Atmosphäre mit 5% CO_2 inkubiert. Die Aktivierung der Zellen erfolgte bei einer Konzentration von 1×10^8 Zellen/mL in RPMI1640-Medium mit Muromonab-CD3 Antikörper (OKT3, eBioscience, San Diego, USA) (2 µg/ml in 2,5 ml serumfreiem Medium) bei einer Inkubation für 5 min bei 37°C.

Die stabile Isotopenmarkierung durch Aminosäuren in Zellkultur wurde analog zur Literatur durchgeführt (Ong und Mann, 2006). Dazu wurde Arg- und Lys-defizientes RPMI1640-Medium (SILAC Quantifizierungskit, Pierce, Thermo Fisher Scientific, Bonn, DE) unter Verwendung von 10% dialysiertem FBS eingesetzt. Die Hälfte der Zellpopulation wurde mit 0,1 g/L L-Lys und 0,2 g/L L-Arg (Sigma, Deisenhofen, DE) „leicht"-markiert und die andere Hälfte mit 0,1 g/L $^{13}C_6$-L-Lys und 0,2 g/L $^{13}C_6$ oder $^{13}C_6,^{15}N_4$-L-Arg (Cambridge Isotope Laboratories, Andover, USA) „schwer"-markiert. Die Zellen wurden über einen Zeitraum von acht Tagen in „leichtem" oder „schwerem" Medium kultiviert, aliquotiert und mit einer Abkühlrate von 1 K/min auf -80°C eingefroren. Die Bestimmung des Totalproteingehaltes erfolgte mittels Pierce BCA Protein Assay Kit bei 562 nm wie vom Hersteller angegeben (Nr. 23227, Pierce, Thermo Fisher Scientific, Bonn, DE). Die Effizienz des Aminosäureeinbaus wurde durch massenspektrometrische Analytik überprüft. Dazu wurden nach SDS-Polyacrylamidgelelektrophorese (SDS-PAGE) der Gesamtzelllysate ausgewählte Banden tryptisch verdaut, mittels ESI-MS/MS analysiert und nur bei einem Markierungsgrad ≥95% für weitere Experimente akzeptiert.

2.7 *Pulldown*-Experimente

2.7.1 Methodische Experimente

Die im Folgenden beschriebene Vorgehensweise stellt das optimierte Standardprotokoll dar und bezieht sich auf Experimente in Abschnitt 3.1. Abweichungen in Volumen, Konzentration bzw. Anzahl der Waschschritte sind ggf. dort angegeben. Proteinlösungen wurden mit Hilfe von CaM bzw. exprimierter Fyn-Domäne in Ca-Tris- (50 mM Tris, 150 mM NaCl, 1,5 mM CaCl, pH 7,4) bzw. PBS-Puffer hergestellt. Nach Vorbereitung der peptidbeladenen Matrixkonjugate (Überführung in Ultrafree-MC Zentrifugalfiltereinheiten (Millipore, Schwalbach, DE), Entfernung von Lösungsmittelresten durch Waschen mit Puffer) wurden diese mit 20 µL Proteinlösung im Thermomixer (Eppendorf, Hamburg, DE) bei 20°C für 1 h inkubiert. Die Peptidkonjugate wurden viermal mit 200 µL Inkubationspuffer zur Entfernung von unspezifisch bindenden Proteinen gewaschen und die gebundenen Proteine mit 20 µL dreifach SDS-Probenpuffer (150 mM Tris-HCl [pH 6,8], 6% [w/v] SDS, 30% [v/v] Glycerol, 0,005% [w/v] Bromphenolblau und 300 mM Dithiothreitol [DTT]) eluiert (5 min, 95°C). Die Elutionsfraktion wurde von den Peptidkonjugaten durch Zentrifugation bei 12000 g für 4 min getrennt und mittels SDS-PAGE (15%-iges Gel, siehe Abschnitt 2.8.1) aufgetrennt.

2.7.2 SILAC-Experimente

„Schwer"- und „leicht"-isotopenmarkierte Zellen (jeweils ca. 2 x 10^7, vgl. Abschnitt 2.6) wurden in 2 x 100 µL Lysepuffer (10 mM Hepes (pH 7,5), 150 mM NaCl, 10 mM $MgCl_2$, 10 mM KCl, 0,5 mM Ethylenglykoltetraacetat [EGTA]) mit 1% (v/v) NP-40, 1 mM Na_3VO_4 und *Complete Protease Inhibitor Cocktail Tablets* (EDTA-frei, Roche Diagnostics, Mannheim, DE) auf Eis lysiert. Die Zellen wurden 2-3x auf einem Vortex Schüttler (IKA Werke GmbH, Staufen, DE) vermischt und nach 30 min bei 8000 g, 4°C für 10 min zentrifugiert (Tischkühlzentrifuge, 5810R, Eppendorf, Hamburg, DE). Peptidbindungsstudien wurden mittels einer inversen Markierungsstrategie durchgeführt (Überkreuz-Experimente). Das bedeutet, dass beide Formen eines Peptidkonjugats (phosphoryliert und unphosphoryliert) sowohl mit „schwer"- als auch „leicht"-markiertem Zelllysat inkubiert wurden, was zu zwei unabhängigen *Pulldown*-Experimenten führte. Gleiche Proteinmengen (~1,5 mg Gesamtprotein) wurden mit 20 µL Peptid-Agarosekonjugat (resultierender Peptidgehalt je Experiment siehe Tabelle 3.2) in Ultrafree-MC Zentrifugalfiltereinheiten bei 20°C im Thermoschüttler 1 h inkubiert. Die Peptidkonjugate wurden nach optimiertem Protokoll viermal mit je 200 µL Lysepuffer zur Entfernung von unspezifisch bindenden Proteinen gewaschen und mit 20 µl SDS-Probenpuffer für 5 min bei 95°C eluiert. Die Elutionsfraktionen der korrespondierenden (phosphorylierte bzw. unphosphorylierte) Peptidkonjugate wurden vereinigt und mittels SDS-PAGE (4-20%-iges Gel, siehe Abschnitt 2.8.2) aufgetrennt.

2.7.3 ^{18}O-Experimente

Unmarkierte Jurkat-T-Zellen (~4 x 10^7) wurden wie in Abschnitt 2.7.2 beschrieben in 200 µL Lysepuffer aufgeschlossen und jeweils 100 µL des Lysats mit 20 µL phosphorylierten bzw. unphosphorylierten Agarose-Peptidkonjugaten inkubiert. Nach der Inkubation (20°C, 1 h) wurden die Peptidkonjugate viermal mit 200 µL Lysepuffer gewaschen und gebundene Proteine mit 20 µL dreifach SDS-Probenpuffer eluiert (95°C, 5 min). Die Proteinextrakte der korrespondierenden (phosphorylierten bzw. unphosphorylierten) Peptidkonjugate wurden mittels SDS-PAGE (4-20%-iges Gel, vgl. Abschnitt 2.8.2) in zwei benachbarten Gelspuren aufgetrennt.

2.8 SDS-Polyacrylamidgelelektrophorese

2.8.1 Trennung einzelner Proteine

Die SDS-PAGE (Laemmli, 1970) wurde mit der Apparatur Mini-PROTEAN Tetra Electrophoresis System (Bio-Rad Laboratories, Kalifornien, USA) durchgeführt. Die gegossenen Gele (Sambrook und Russel, 2001) der diskontinuierlichen Elektrophorese (Endkonzentration des Trenngels: 15% Acrylamid, 375 mM Tris-HCl, pH 8,8; 0,04% (v/v) TEMED; 0,1% (w/v) SDS; 0,04% (w/v) Ammoniumpersulfat, Endkonzentration des Sammelgels: 5% Acrylamid, 125 mM Tris-HCl, pH 6,8; 0,1% TEMED; 0,1% (w/v) SDS; 0,04% (w/v) Ammoniumpersulfat) hatten eine Größe von 7,3 x 8,3 cm und eine Dicke von 1,0 mm. Mit dreifach SDS-Probenpuffer eluierte Proteinproben wurden zusammen mit einem Größenmarker (SeeBluePlus2 Prestained Marker [Invitrogen, Karlsruhe, DE]) nebeneinander aufgetragen. Die Elektrophorese wurde in einem Puffer aus 25 mM Tris-HCl, 192 mM Gly und 0,1% (w/v) SDS bei konstanter Spannung von 125 V durchgeführt. Im Anschluss an die Elektrophorese wurden die Gele mit einer Lösung aus 40% (v/v) Methanol und 10% (v/v) Essigsäure für 1 h fixiert. Die Färbung der Proteine erfolgte über Nacht mittels kolloidaler Coomassie-Färbelösung (0,1% (w/v) Coomassie G-250; 34% (v/v) Methanol; 17% (w/v) Ammoniumsulfat und 3% (v/v) Phosphorsäure). Die Entfärbung des proteinfreien Gelhintergrunds erfolgte unter Schwenken in 2% Essigsäure. Die Proteinintensität nach SDS-PAGE und Coomassie-Färbung wurde mit einem Odyssey Infrarat Imager (LI-COR Biosciences, Lincoln, USA) bei einer Detektion mit 700 nm bestimmt. Einzelne Proteinbanden wurden mit dem Skalpell ausgeschnitten und in Eppendorfgefäßen bei -20°C bis zur Weiterverarbeitung gelagert.

2.8.2 Trennung komplexer Proteinmischungen aus Zelllysaten

Die Auftrennung der aus den Peptid-*Pulldown*-Experimenten eluierten Proteine erfolgte über Tris-Glycin-Gradientengele (Novex 4-20%) in einem Xcell Sure Lock Elektrophoresesystem (beides Invitrogen, Karlsruhe, DE) entsprechend den Herstellerangaben. Mit dreifach SDS-Probenpuffer eluierte Proteinproben wurden zusammen mit dem Größenmarker SeeBluePlus2 Prestained nebeneinander aufgetragen. Die Elektrophorese, Färbung und Entfärbung der Gele wurde wie in Abschnitt 2.8.1 beschrieben durchgeführt. Anschließend wurden die gesamten Gelspuren in 40 gleich große Banden mit dem Skalpell ausgeschnitten. Im ^{18}O-Experiment wurden die Banden der Eluate der phosphorylierten und unphosphorylierten ADAP-Peptide parallel geschnitten. Die Lagerung bis zur Weiterverarbeitung erfolgte in Eppendorfgefäßen bei -20°C.

2.9 Tryptischer Verdau

2.9.1 SILAC-Experiment

Zur Entfärbung wurden die Gelbanden mit 50% (v/v) ACN in 25 mM Ammoniumbicarbonatlösung (ABC) gewaschen, in ACN dehydriert und in einer Vakuumzentrifuge (ThermoSavant SPD 1010 SpeedVac System, Thermo Fisher Scientific, Langenselbold, DE) vollständig getrocknet. Für den enzymatischen Verdau erfolgte die Rehydratisierung der entfärbten und getrockneten Gelstücke mit 50 ng Trypsin (*sequencing grade modified*, Promega Corporation) in 10 µL 50 mM wässriger ABC-Lösung. Nach 17 h Inkubation bei 37°C wurde die enzymatische Reaktion durch Zugabe von 10 µL 0,5% (v/v) TFA in ACN gestoppt. Nach ca. 5 min Ultraschallbehandlung wurde der abgetrennte Überstand in einer Vakuumzentrifuge getrocknet und in 6 µl 0,1% (v/v) TFA in ACN/Wasser (5:95, v/v) wieder aufgenommen. Die Lagerung bis zur Analyse der Peptidlösungen erfolgte bei -20°C.

2.9.2 ^{18}O-Experiment

Die SDS-PAGE Banden der Eluate von phosphorylierten und unphosphorylierten ADAP-Peptiden wurden wie in Abschnitt 2.8.2 beschrieben ausgeschnitten. Die ^{16}O- bzw. ^{18}O-Markierung erfolgte während des Trypsinverdaus in „leichtem" bzw. „schwerem" Wasser (Körbel et al., 2005b). Dafür wurde die Entfärbung und Rehydratisierung der entfärbten und getrockneten Gelstücke wie in Abschnitt 2.9.1 beschrieben durchgeführt. Der tryptische Verdau für phosphorylierte bzw. unphosphorylierte ADAP-Peptid-*Pulldown*-Experimente erfolgte in Anwesenheit von $H_2^{18}O$ (Campo Scientific GmbH, Berlin, DE, 97% ^{18}O) bzw. $H_2^{16}O$. Alle *Pulldown*-Experimente wurden als Duplikate mit einer inversen Markierungsstrategie durchgeführt (Überkreuz-Experimente). Der enzymatische Verdau erfolgte für 17 h bei 37°C. Zur Verhinderung von enzymatisch-katalysiertem Sauerstoffrücktausch nach der Vereinigung von ^{18}O- und ^{16}O-markierten Proben wurde die enzymatische Aktivität durch Zugabe von 10 µL 0,5% (v/v) TFA in ACN gestoppt. Nach kurzer Ultraschallbehandlung wurde der abgetrennte Überstand in einer Vakuumzentrifuge getrocknet und in 3 µl 0,1% (v/v) TFA in ACN/Wasser (5:95, v/v) wieder aufgenommen. Direkt vor der Messung erfolgte die Vereinigung von zusammengehörigen Banden (^{18}O- und ^{16}O-markierte Proben von nebeneinander liegenden Banden). Die Peptidlösungen wurden bis zur Analyse bei -80°C gelagert.

2.10 Massenspektrometrie

2.10.1 MALDI-TOF/TOF von synthetischen Peptiden

Synthetisierte Peptide wurden mit einem MALDI-TOF/TOF-Instrument (4700 Proteomics analyzer, Applied Biosystems, Framingham, MA, USA), ausgestattet mit einem Nd:YAG Laser (355 nm) mit einer Frequenz von 200 Hz wie in der Literatur beschrieben analysiert (Gropengiesser et al., 2009). Als Matrixsystem wurde eine Lösung aus 5 mg/mL α-Cyano-4-hydroxyzimtsäure (CHCA) in 0,3% (v/v) TFA in ACN:Wasser (60:40, v/v) verwendet. Zur Probenvorbereitung wurde die *dried-droplet*-Methode verwendet (Karas und Hillenkamp, 1988). Dazu wurde Probe und Matrixlösung vermischt (1:1, v/v), auf dem Probenträger aufgetragen und bei Raumtemperatur (24°C) getrocknet. Ein Subspektrum wurde durch die Summierung von 65

2 Material und Methoden

aufeinanderfolgenden Laserschüssen erzeugt. 30 Subspektren, an verschiedenen Positionen eines Spots gemessen, wurden zu einem Spektrum gemittelt. Die Daten wurden mittels der Software *Data Explorer* (Applied Biosystems, Framingham, MA, USA) ausgewertet.

2.10.2 NanoLC-ESI-Tandem-MS

Nach Trypsinspaltung der gelgetrennten Proteine wurden die LC-MS/MS-Analysen mit einem LTQ Orbitrap XL-Massenspektrometer (Thermo Scientific, Dreieich, DE), ausgestattet mit einem Eksigent 2D NanoLC-System (Axel Semrau GmbH, Sprockhövel, DE), durchgeführt. Das LC-System war über eine Nanosprayquelle (Proxeon, Odense, Dänemark) mit einem 10 µm *i.d.* PicoTip ESI Emitter (New Objective, Woburn, MA, USA) mit dem Massenspektrometer verbunden. 6 µL der Probe wurden injiziert und auf einer Vorsäule (PepMap C18, 5 µm, 100 Å, 5 mm x 300 µm *i.d.*, Dionex, Idstein, DE) unter Verwendung von 0,1% TFA, 2% ACN in Wasser aufkonzentriert. Nach Elution auf die analytische Säule (Atlantis dC18, 3 µm, 100 Å, 150 mm x 75 µm *i.d.*, Waters, Manchester, GB) wurden die Peptide mit einer Flussrate von 250 nL/min und einem linearen Gradienten von 0-40% B in 50 min getrennt. Das Elutionssystem bestand aus A: 0,1% Ameisensäure (FA) (v/v) in Wasser, B: 0,1% FA (v/v) in ACN. Die MS/MS-Spektren wurden im datenabhängigen Modus (*data dependent mode*) erstellt. Dazu wurde ein MS-Scan (Auflösung: 60000) in der Orbitrap und parallel MS/MS-Scans der fünf intensivsten Vorläuferionen in der LTQ erzeugt. Der Massenbereich des MS Scan war m/z 350-1500 mit einer dynamischen Ausschlusszeit für Vorläuferionen von 120 s. Die automatische Ionenzahlmessung (*automatic gain control*) wurde auf 3×10^6 und 20000 für Orbitrap-MS bzw. LTQ-MS/MS Scans gesetzt.

2.10.3 Proteinidentifizierung und Quantifizierung

Für SILAC Experimente wurde die Identifizierung und Quantifizierung mittels der Software MaxQuant durchgeführt (Version 1.0.12.31, Cox und Mann, 2008; Cox *et al.*, 2009). Dafür wurden generierte Peaklisten (msm-Dateien) an eine Mascot-Suchmaschine (Version 2.2, Matrix Science Ltd, London, GB) übertragen und gegen eine IPI humane Proteindatenbank (*international protein index*, Version 3.52, 148380 Sequenzeinträge; 62526836 Aminosäuren beinhaltend) gesucht. Die Massentoleranz der Vorläufer- und Tochterionen wurde auf 7 ppm bzw. 0,35 Da gesetzt. Als variable

2.10 Massenspektrometrie

Modifizierungen wurden sowohl Oxidationen am Met als auch Propionamidaddukte am Cys berücksichtigt. Grundlage für die Einhaltung der Falschidentifizierungshäufigkeit (*false discovery rate* [FDR]) mit <0,01 war die statistische Fehlerwahrscheinlichkeit (*posterior error probability* [PEP]) basierend auf einer implizierten inversen *Nonsense*-Datenbank. Ein Protein wurde als identifiziert angesehen, wenn mindestens zwei Peptide der Sequenz zugeordnet werden konnten. Proteinverhältnisse wurden akzeptiert, wenn mindestens zwei Sequenzierungsereignisse (*ratio counts*) zur Quantifizierung beitrugen.

Im ^{18}O-Markierungsverfahren wurden die prozessierten MS/MS-Spektren und der Mascot-Server (Version 2.2, Matrix Science Ltd, London, GB) dazu benutzt, um in der *in-house* Version der UniProtKB/Swiss-Prot Datenbank (Version 56.7 vom 20.01.09, 408099 Sequenzeinträge, 147085246 Aminosäuren beinhaltend) Suchen durchzuführen. Zwei Fehlspaltstellen sowie Massentoleranzen des Vorläuferions und der Tochterionen von 10 ppm bzw. 0,35 Da wurden zugelassen. Als variable Modifizierungen wurden Oxidationen am Met, Propionamidaddukte am Cys sowie ein- und zweifache C-terminale ^{18}O-Markierung berücksichtigt. Ein Protein wurde als identifiziert akzeptiert, wenn der Mascot-Gesamtproteinscore über der Signifikanzschwelle lag und mindestens zwei Peptide in führender Position (Mascot-Report: *first time* und *top ranking*) identifiziert wurden. Aus der parallel durchgeführten Suche in der inversen *Nonsense*-Datenbank wurde die FDR mit <0,01 bestimmt. Die Quantifizierung wurde mittels der Mascot Distiller Quantitation Toolbox (Version 2.2.1.2, Matrix Science Ltd, London, GB) durchgeführt und basierte auf Berechnungen der Isotopenverhältnisse von mindestens zwei tryptischen Peptiden mit Mascot-Peptidscores über der Homologieschwelle. Die relativen Proteinverhältnisse wurden aus dem intensitätsgewichteten Mittel über alle Peptidverhältnisse berechnet.

Standardabweichungen der mit SILAC und dem ^{18}O-Verfahren quantifizierten Proteine wurden aus den Programmen MaxQuant bzw. Mascot Distiller übernommen. Für jede Phosphotyrosinposition von ADAP wurden jeweils mindestens zwei unabhängige SILAC- und ^{18}O-Experimente durchgeführt. Alle identifizierten quantifizierten Proteine wurden mit einer FDR <0,01 und p<0,05 zur Auswertung herangezogen.

2 Material und Methoden

3 Ergebnisse

Die vorliegende Arbeit beschäftigt sich mit der Charakterisierung von phosphorylierungsspezifischen Protein-Protein-Wechselwirkungen des T-Zell-Adapterproteins ADAP. Im Vorfeld dieser Arbeiten wurden methodische Untersuchungen mit der Zielstellung durchgeführt, eine optimale Vorgehensweise zu etablieren. Hierzu wurden synthetische Peptide kovalent an verschiedene Matrices gekoppelt, die erhaltenen Konjugate auf ihre Bindungseigenschaften und Spezifität untersucht und in Peptid-Protein-Interaktionsexperimenten (*Pulldown*-Experimenten) zur Bestimmung von potentiellen Interaktionspartnern mit ADAP eingesetzt.

3.1 Methodische Untersuchungen

Erste methodische Experimente dieser Arbeit wurden mit einer Peptidsequenz des Proteins Calmodulin (CaM) und der neuronalen Stickstoffmonoxidsynthase (*neuronal nitric oxide synthase* [NOS-I]) als biologischem Modellsystem durchgeführt. Da bekannt ist, dass CaM stark an NOS-I mit einer Dissoziationskonstanten (K_D) im Bereich von 2-5 nM bindet (Vorherr *et al.*, 1993; Zhang und Vogel, 1994; Zoche *et al.*, 1996), wurde dieses System dazu verwendet, initiale Versuche darauf aufzubauen. Frühere Untersuchungen zeigten, dass durch eine Phosphorylierung am Ser 741 von NOS-I (UniProtKB/Swiss-Prot P29475: Ser 746) die Wechselwirkung zwischen NOS-I und CaM unterbunden wird (Zoche *et al.*, 1997), und diese Phosphorylierung auch bei der Bindung zwischen NOS-I und der Proteinkinase I biologisch relevant ist (Song *et al.*, 2004). Somit konnte dieses System dazu verwendet werden, phospho-

3 Ergebnisse

rylierungsabhängige Wechselwirkungen zwischen Proteinen zu untersuchen. Für weitere methodische Untersuchungen dieser Arbeit wurden Peptide des später zur Charakterisierung von Protein-Protein-Wechselwirkungen eingesetzten Adapterproteins ADAP verwendet (vgl. Abschnitt 3.2).

3.1.1 Untersuchung verschiedener Trägermaterialien

Basierend auf den Proteinen NOS-I und ADAP wurden vier verschiedene Peptidsequenzen (Tabelle 3.1) wie beschrieben synthetisiert, wobei alle Peptide ein N-terminales Cys enthielten. Jede Peptidsequenz wurde dabei sowohl in phosphorylierter als auch unphosphorylierter Form synthetisiert, wobei sich die Phosphorylierung entweder am Ser (NOS) oder an verschiedenen Tyrosinen (ADAP) befand. Die Reinheit und Masse der Peptide entsprachen den Vorgaben (vgl. Abschnitt 2.2).

Tabelle 3.1: Synthetische Peptide. Sequenzen repräsentieren Bereiche der neuronalen Stickstoffmonoxidsynthase (NOS-I) und des adhäsions- und degranulierungsfördernden Adapterproteins (ADAP). Die phosphorylierte Aminosäure ist unterstrichen.

Alias	Start-Ende	Aminosäuresequenz	$[MH]^+$ phosphoryliertes Peptid	$[MH]^+$ unphosphoryliertes Peptid
NOS-746	730-755	C-KRRAIGFKKLAEAVKF$\underline{S}$AKLMGQAMA-NH$_2$	3033,6	2953,6
ADAP-595	586-600	C-RPIEDDQEV$\underline{Y}$DDVAE-NH$_2$	1974,8	1894,8
ADAP-625	621-630	C-DDDI$\underline{Y}$DGIEE-NH$_2$	1365,5	1285,4
ADAP-771	766-777	C-NDGEI$\underline{Y}$DDIADG-NH$_2$	1478,5	1398,5

Zur Herstellung der Peptidkonjugate wurden die Peptide aus Tabelle 3.1 kovalent an verschiedene Matrices gebunden. Hierbei handelte es sich um Syntheseharz (TentaGel SRAM), Titandioxid (TiO$_2$), Cellulose sowie Agarose. Das Syntheseharz weist dabei eine hohe funktionelle Beladung von 0,25 mmol/g auf, wodurch eine hohe Peptidbeladung erzielt werden sollte. TiO$_2$ ist ein poröser Festkörper, der in Kugelform vorliegt und äußerst effizient z.B. in chromatographischen Trennungen ist. Cellulose liegt aufgrund der chemischen Verknüpfungen ihrer Bausteine in linearer Form vor und bildet Faser- bzw. Blattstrukturen. Letztere eignen sich (ebenso wie das Syntheseharz) sehr gut für Direktsynthesen von Peptidsequenzen. Außerdem lässt die lineare Verknüpfung der Cellobiose-Einheiten verbunden mit einer guten Zugänglichkeit geringe unspezifische Wechselwirkungen erwarten. Abschließend wurde auch die standardmäßig für Affinitätsversuche verwendete Agarose in dieser Arbeit eingesetzt.

3.1 Methodische Untersuchungen

Gemein ist allen Trägern, dass die kovalente Kopplung zwischen Peptid und Träger über die Thiolgruppe eines N-terminal angefügten Cys in der Peptidsequenz stattfand. Unterschiede lagen in der vorhergehenden Funktionalisierung der Träger. Das Syntheseharz besitzt Fmoc-geschützte Amine, die nach der Fmoc-Abspaltung mit Maleimidohexansäure (M-hex-OH) gekoppelt wurden. TiO_2 wurde mit Aminopropylsilan und Cellulose mit zweimal β-Ala funktionalisiert, worauf auch bei diesen Matrices eine Kopplung mit M-hex-OH möglich war. Zwischen M-hex-OH und der Thiolgruppe wird eine stabile Bindung ausgebildet, sodass das Peptid kovalent an die jeweilige Matrix gekoppelt wird. Die verwendete Agarose besitzt eine Iodacetylgruppe, über die ebenfalls eine kovalente Bindung mit der Thiolgruppe des Peptids ausgebildet wird, sodass hier keine Funktionalisierung mit M-hex-OH nötig ist. NOS-746 wurde an Syntheseharz und TiO_2, ADAP-625 an Cellulose und Agarose gekoppelt. Die kovalent gekoppelten Peptide sollten laut Literatur dabei folgende Bindungseigenschaften zeigen: Durch die Phosphorylierung von NOS-746 wird die Bindung von CaM verhindert (Zoche *et al.*, 1997), wogegen die Einführung der Phosphorylierung die Bindung der Tyrosin-Proteinkinase Fyn an ADAP-625 herbeiführt (Raab *et al.*, 1999).

Zur Kontrolle, ob die entstandenen phosphorylierten und unphosphorylierten Peptidkonjugate diese Bindungseigenschaften widerspiegelten, wurden die NOS-746-Peptide mit dem Protein CaM und die ADAP-625-Peptide mit der exprimierten SH2-Domäne der Fyn-Kinase (Fyn-Domäne) inkubiert. Zusätzlich wurde der Proteinlösung nicht spezifisch bindendes Protein (Rinderserumalbumin [BSA]) in einer Konzentration von 500 µM zugesetzt, welches mögliche unspezifische bzw. phosphorylierungsunabhängige Wechselwirkungen simulieren sollte. Über vier Waschschritte wurde ungebundenes bzw. mit geringer Affinität gebundenes Protein entfernt. Die finale Elution der Proteine erfolgte mittels SDS-Probenpuffer. Zur Visualisierung der Ergebnisse wurden die in Probenpuffer gelösten Proteine auf ein eindimensionales (1D) SDS-Gel aufgetragen (Abbildung 3.1) und nach der Auftrennung mit Coomassie gefärbt.

Für jede Proteininkubation wurde eine Negativkontrolle (°) der jeweiligen Matrix durchgeführt. Dabei handelte es sich um das reine Trägermaterial (Syntheseharz, TiO_2, Cellulose bzw. Agarose), welches mit β-Mercaptoethanol umgesetzt wurde, um die funktionellen, reaktiven Gruppen abzusättigen. Das führte dazu, dass jede Proteinlösung (CaM bzw. Fyn-Domäne mit BSA) mit drei Konjugaten einer Matrix inkubiert wurde: bindendem Peptid ($^+$), nicht bindendem Peptid ($^-$) sowie Negativkontrolle (°).

Am NOS-Syntheseharzkonjugat hatte CaM an der unphosphorylierten ($^+$) und der phosphorylierten ($^-$) Form gleichermaßen und nur sehr schwach gebunden. Zusätz-

3 Ergebnisse

lich erkennt man in der Negativkontrolle (°) ebenso eine sehr schwache Bindung. Im Gegensatz dazu wurde CaM vom TiO$_2$-gebundenen NOS-746 stärker gebunden als vom NOS-Syntheseharzkonjugat. Allerdings wurde das Protein an der phosphorylierten (⁻) Form stärker angereichert als an der unphosphorylierten (⁺) Form. Auch eine schwache Bindung an die Matrix (°) war festzustellen.

Cellulose zeigte nur für das phosphorylierte (⁺) Peptid eine deutliche Färbung. Diese war auch an der Agarose vorhanden, jedoch war die Intensität hier wesentlich größer als an der Cellulose. Zusätzlich konnte man eine geringe Färbung auf den beiden weiteren Gelspuren (⁻/°) der Agarose erkennen. Das unspezifisch bindende Protein (BSA) zeigte an allen Peptidkonjugaten ein ähnliches Bindungsverhalten. Lediglich an den drei Cellulosekonjugaten war keine Bindung von BSA festzustellen. Aufgrund dieses sehr spezifischen Bindungsverhaltens am Cellulosekonjugat erschien diese auf den ersten Blick als am besten geeignet für die weiteren Anreicherungsexperimente. Limitierend für die Anwendbarkeit ist allerdings die Menge an gebundenem Peptid. Damit ist die maximal mögliche gebundene Menge an spezifisch bindendem Protein nicht ausreichend für Experimente mit sehr komplexen Proteinmischungen (z.B. Zelllysaten). Für diese Art von Experimenten müsste die Peptidbeladung der Cellulose erhöht werden, was jedoch in weiteren, hier nicht diskutierten Experimenten nicht gelang.

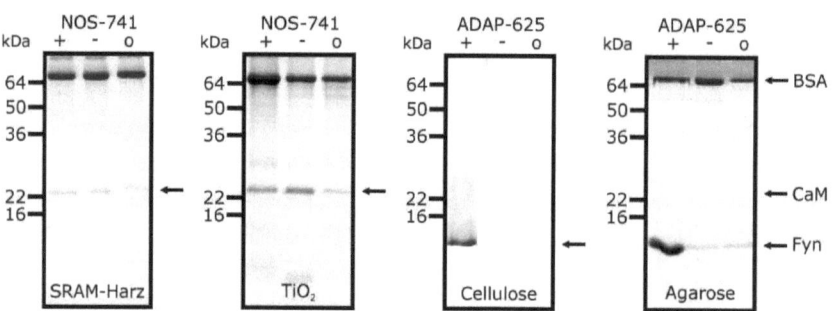

Abbildung 3.1: Coomassie-gefärbte 1D-Gele. Die Peptidkonjugate wurden mit einer Lösung aus 10 µM Calmodulin (Syntheseharz, TiO$_2$) bzw. 10 µM Fyn-Domäne (Cellulose, Agarose) und 500 µM BSA (unspezifische Kontrolle) inkubiert, gewaschen und auf einem 15%-igen SDS-Gel dargestellt.
[⁺ proteinbindendes Konjugat, ⁻ nicht bindendes Konjugat, ° Matrix ohne Peptid]

Deshalb wurde das Agarosekonjugat für die folgenden Experimente eingesetzt. Es stellte die Bindungseigenschaften der gekoppelten Peptide am besten dar und zeigte, wie in der Diskussion weiter erläutert (siehe Abschnitt 4.1), auch eine deutlich hö-

3.1 Methodische Untersuchungen

here Kapazität als die anderen getesteten Matrices für das spezifisch bindende Protein (Fyn-Domäne).

3.1.2 Charakterisierung der ADAP-Fyn-Bindung an Agarose

Die Bindung zwischen der Fyn-Domäne und ADAP-625, welches an Agarose kovalent immobilisiert wurde (im Folgenden als ADAP-625 bezeichnet), sollte im Detail untersucht werden. Hierbei wurden vor allem die Parameter für spätere *Pulldown*-Experimente bestimmt, indem die Experimentbedingungen über einen weiten Konzentrationsbereich der Fyn-Domäne (0,1-100 µM) getestet wurden (Abbildung 3.2) und die Anzahl der zu verwendenden Waschschritte (Abbildung 3.3) sowie das einzusetzende Volumen in Verbindung mit der Art der Auftragung (Abbildung 3.4) bestimmt wurden. In jedem dieser Experimente wurde eine Proteinlösung mit variierender Konzentration der Fyn-Domäne mit einem Überschuss an BSA (500 µM) verwendet.

Zuerst wurde Fyn in aufsteigenden Konzentrationen mit dem Peptidkonjugat (ADAP-625 an Agarose) inkubiert (Abbildung 3.2). Dabei war 0,1 µM die kleinste im Coomassie-Gel nachweisbare und 100 µM die größte getestete Konzentration der Fyn-Domäne in der Inkubationslösung. Die Fyn-Domäne bindet mit steigender Konzentration verstärkt an das phosphorylierte Peptidkonjugat ($^+$). Bei höheren Konzentrationen (50 µM und 100 µM) ist auch eine leichte, auf unspezifischer Bindung beruhende Färbung am unphosphorylierten Peptidkonjugat ($^-$) und an der Kontrolle ($^\circ$) sichtbar. BSA bindet an alle Trägerkonjugate in ähnlichem Maße.

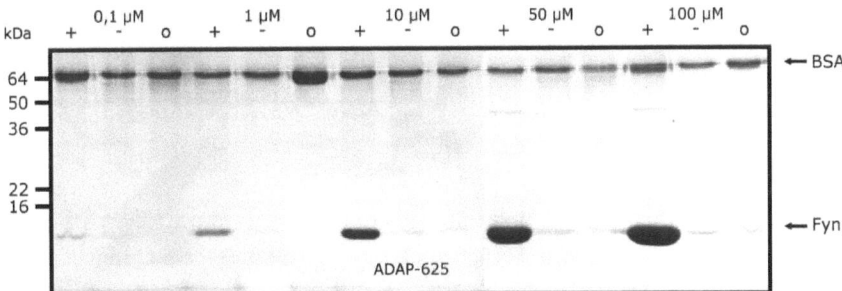

Abbildung 3.2: Konzentrationsabhängige Wechselwirkung der Fyn-Domäne mit ADAP-625-Agarosekonjugat. Aufsteigende Konzentrationen der Fyn-Domäne mit einem Überschuss an BSA (500 µM) wurden mit ADAP-625-Peptidkonjugat in phosphorylierter ($^+$) und unphosphorylierter ($^-$) Form inkubiert, mittels 1D-Gel getrennt und mit Coomassie gefärbt. Peptidfreie Agarose wurde als Kontrolle mitgeführt ($^\circ$).

3 Ergebnisse

Im nächsten Experiment (Abbildung 3.3) wurde eine Konzentration von 10 µM der Fyn-Domäne verwendet, da diese sehr gut durch Färbung mit Coomassie detektierbar war. Die Proteinlösung (Fyn-Domäne/BSA) wurde sowohl mit phosphoryliertem und unphosphoryliertem Peptidkonjugat ($^{+/-}$) als auch mit peptidfreier Matrix (^{o}) inkubiert und nach der Inkubation verschieden häufig gewaschen.

Das Waschen der Matrix führt dazu, dass gebundene Proteine entfernt werden. Dabei ist die Affinität vom Protein zum Peptidkonjugat ausschlaggebend dafür, welche Menge des Proteins nach Einstellung des Gleichgewichts an der Matrix verbleibt. Somit lassen sich erst nach Durchführung der Waschschritte phosphorylierungsspezifisch von unspezifisch gebundenen Proteinen unterscheiden. Proteine mit hoher Affinität zum phosphorylierten Peptid bleiben auch nach mehrmaligem Waschen zu einem großen Prozentsatz am Peptid, wogegen Proteine mit geringer Affinität sukzessive abgewaschen werden. Eine Optimierung ist unerlässlich, da hier die Gefahr besteht, dass auch spezifisch bindende Proteine bei zu häufigem Waschen entfernt werden und damit für die Analyse verloren gehen. Somit muss bei der Wahl der Anzahl der Waschschritte darauf geachtet werden, dass niedrigaffine unspezifisch bindende Proteine möglichst entfernt und phosphorylierungsspezifisch bindende Proteine, die oft nur in geringen Konzentrationen vorhanden sind, noch nachweisbar gebunden sind.

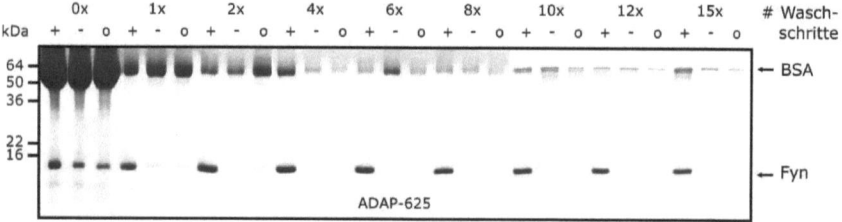

Abbildung 3.3: Gebundene Proteinmenge in Abhängigkeit der Waschschritte an ADAP-625-Agarosekonjugat. Intensität von Fyn-Domäne (10 µM) und BSA (500 µM) am phosphorylierten ($^{+}$) und unphosphorylierten Peptid ($^{-}$) sowie Agarose ohne Peptid (^{o}) bei Steigerung der Waschschritte.

Im Experiment (Abbildung 3.3) konnte die Fyn-Domäne in den Kontrollproben ($^{-/o}$) schon nach ein bis zwei Waschschritten deutlich reduziert werden, blieb jedoch am phosphorylierten Peptid ($^{+}$) auch nach 10-15 Waschschritten sehr gut detektierbar. Zusätzlich konnte auch die hohe Konzentration des mitgeführten BSA an allen Konjugaten in ähnlichem Maße schnell reduziert werden. Somit wurden für die folgenden Peptid-*Pulldown*-Experimente vier Waschschritte für die Experimentdurchführung

3.1 Methodische Untersuchungen

festgelegt, da hierbei eine deutliche Differenzierung zwischen phosphorylierungsspezifisch und unspezifisch bindendem Träger möglich war.

Des Weiteren sollte bestimmt werden, wie im Falle einer sehr niedrigen Konzentration des spezifisch bindenden Proteins verfahren werden kann. Das ist nötig, da bei zu geringer absoluter Menge einzelner Proteine z.B. im Zellextrakt keine ausreichende Menge des jeweiligen Proteins am Peptid gebunden und detektiert werden kann. Darum sollte untersucht werden, wie eine Erhöhung der absoluten Proteinmenge erreicht werden kann.

Pulldown-Experimente zur Identifizierung von unbekannten Bindungspartnern werden in komplexen Proteingemischen (Zelllysaten) durchgeführt. Da deren Konzentration und das Verhältnis der Proteine untereinander einzig durch die Situation in der Zelle bestimmt wird, kann die Erhöhung der Absolutmenge eines Proteins nur durch die Erhöhung des Zelllysatvolumens erzielt werden. Aus diesem Grund sollte mit 0,1 µM Fyn-Domäne (kleinste, mit Coomassie detektierbare Konzentration) getestet werden, ob sich eine messbare Anreicherung dieser durch Volumensteigerung einstellt (Abbildung 3.4).

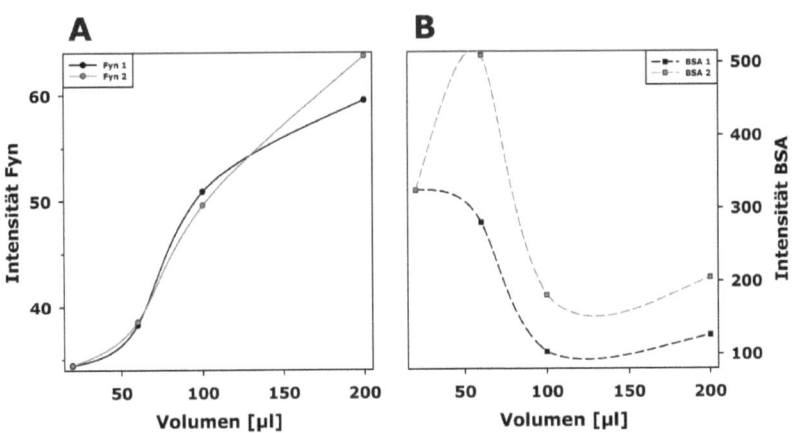

Abbildung 3.4: Intensitäten von Fyn-Kinase und BSA ermittelt über Coomassiefärbung Detektion bei 700 nm nach Inkubation an ADAP-625-Agarosekonjugat. Entwicklung der Färbeintensität von A: Fyn (0,1 µM) und B: BSA (500 µM) an phosphoryliertem Peptid bei Volumenerhöhung der Inkubationslösung. Das angegebene Volumen wurde entweder einmalig mit einer Inkubationszeit von jeweils 60 min aufgegeben (Experiment 1: Fyn 1/BSA 1) oder mehrmals additiv 20 µl mit jeweils 15 min Inkubationszeit (Experiment 2: Fyn 2/BSA 2).

Zusätzlich sollte überprüft werden, ob das erhöhte Volumen der Proteinlösung (Fyn: 0,1 µM, BSA: 500 µM) einmalig (Experiment 1, in schwarz) oder mehrmals in Teilen

3 Ergebnisse

von je 20 µM aufgetragen werden sollte (Experiment 2, in grau). Es zeigte sich, dass die Färbeintensität der Fyn-Domäne mit Erhöhung des Volumens zunahm, d.h. es hatte eine effektive Anreicherung stattgefunden. Hierbei konnte kein deutlicher Unterschied zwischen Experiment 1 und Experiment 2 festgestellt werden. Auffällig war, dass BSA als unspezifisch bindendes Protein im Experiment 2 scheinbar stärker angereichert wurde. Aus diesem Grund wurde in den folgenden *Pulldown*-Experimenten ein Volumen von 100 µL Proteinlösung einmalig aufgetragen.

3.1.3 Spezifität der Bindung der Fyn-Domäne

Die phosphorylierungsspezifische Bindung der exprimierten Fyn-Domäne an das ADAP-625-Peptidkonjugat konnte in vorhergehenden Versuchen (vgl. Abschnitte 3.1.1 und 3.1.2) eindeutig nachgewiesen werden. Im Folgenden sollte untersucht werden, ob diese Bindung auch vor dem Hintergrund von biologisch relevanten Proteinverhältnissen Bestand hat. Außerdem war von Interesse, ob die Fyn-Domäne einzig mit der verwendeten Peptidsequenz (ADAP-625) interagiert, oder ob sie ebenfalls an andere phosphorylierte Peptidsequenzen des ADAP (Tyr 595, Tyr 771) bindet (Abbildung 3.5).

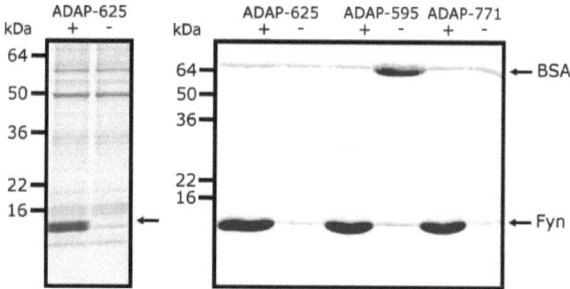

Abbildung 3.5: Phosphorylierungsspezifische Wechselwirkung von Fyn in der Umgebung von Zelllysat bzw. an weiteren Peptidsequenzen des ADAP. Links: 10 µM Fyn zugesetzt zu Jurkat-T-Zelllysat, Rechts: Proteinlösung aus 100 µM Fyn und 500 µM BSA wurde zusätzlich zu ADAP-625 mit ADAP-595 und ADAP-771 standardmäßig inkubiert. Deutlich erkennbar ist in beiden Gelbildern die Bindung von Fyn an die Phosphopeptide.

Im ersten Experiment (Abbildung 3.5, links) wurde Jurkat-T-Zelllysat mit 10 µM exprimierter Fyn-Domäne versetzt und mit phosphoryliertem ($^+$) und unphosphoryliertem ($^-$) ADAP-625-Agarosepeptidkonjugat inkubiert. Es zeigte sich, dass die Fyn-Domäne auch vor dem Hintergrund von biologisch relevanten Proteinkonzentrationen ein phosphorylierungsspezifisches Bindungsverhalten aufwies. Weiterhin (Abbildung

3.2 Charakterisierung von Peptid-Protein-Wechselwirkungen an ADAP

3.5, rechts) wurde eine Proteinlösung aus 100 µM Fyn und 500 µM BSA mit allen drei ADAP-Peptiden (Tyr 595, Tyr 625, Tyr 771) in phosphorylierter ($^+$) und unphosphorylierter ($^-$) Form inkubiert. Hierbei zeigte sich, dass die Fyn-Domäne mit allen Peptiden gleichermaßen phosphorylierungsspezifisch interagierte. Somit konnte sie als „Positivkontrolle" dazu verwendet werden, das Bindungsverhalten aller ADAP-Peptidkonjugate zu überprüfen.

3.1.4 Beladungsbestimmung der Agaroseträger

Die genaue Charakterisierung der einzusetzenden Peptidkonjugate erfolgte durch Aminosäureanalysen. Die in Tabelle 3.2 aufgeführte Beladung wurde aus den Werten von so vielen Aminosäuren wie möglich, jedoch aus mindestens drei Werten berechnet. Die angegebene Standardabweichung bezieht sich auf diese Aminosäurewerte.

Tabelle 3.2: Übersicht der für *Pulldown*-Experimente eingesetzten Peptidkonjugate und ihrer Beladung mit Peptid. Die Beladung wurde wie in Abschnitt 2.4 beschrieben mittels Aminosäureanalytik bestimmt.

Peptid	+/-*	Beladung [nmol Peptid/ mg Matrix]	Standard-abweichung	Eingesetzte Peptidmenge [nmol/ Experiment]	[µg/ Experiment]
NOS-746	+	4,55	0,4	3,03	9,19
	-	7,08	0,4	4,72	13,94
ADAP-595	+	21,84	1,7	14,56	28,75
	-	17,74	1,7	11,83	22,42
ADAP-625	+	42,53	1,6	28,53	38,95
	-	35,72	1,3	23,81	30,61
ADAP-771	+	19,03	2,1	12,67	18,73
	-	18,53	1,1	12,35	17,27

* ($^+$) phosphoryliertes Peptid, ($^-$) unphosphoryliertes Peptid

Aufgrund der Aminosäureanalysen konnte sichergestellt werden, dass zwischen den eingesetzten phosphorylierten und unphosphorylierten Konjugaten einer Position kein deutlicher Unterschied in der Peptidbeladung besteht und so eine Vergleichbarkeit gegeben ist.

3 Ergebnisse

3.2 Charakterisierung von Peptid-Protein-Wechselwirkungen an ADAP

Mit den in Abschnitt 3.1 charakterisierten Peptidkonjugaten des Proteins ADAP wurden phosphorylierungsabhängige Interaktionspartner der drei Tyrosinmotive (ADAP-595, ADAP-625 sowie ADAP-771) bestimmt. Die dafür angewendete Strategie ist in Abbildung 3.6 dargestellt.

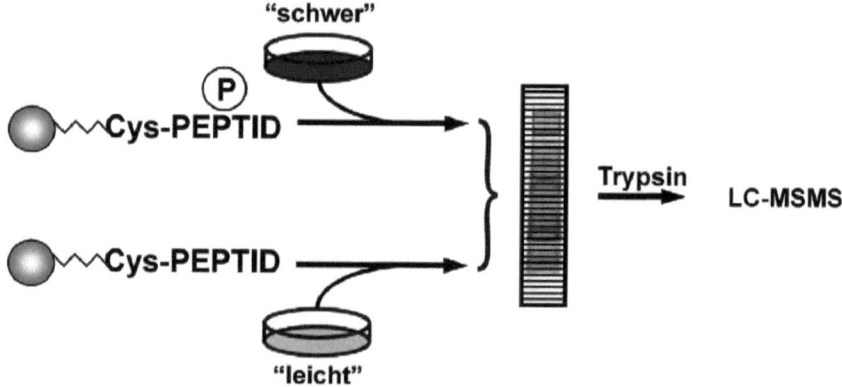

Abbildung 3.6: Prinzip der Peptid-*Pulldown*-Experimente unter Verwendung der SILAC-Methode. Auftrennung und Analyse wurden mittels 1D-Gelelektrophorese und LC-MS/MS durchgeführt. Experimente wurden unter Verwendung einer inversen Markierungsstrategie repliziert.

Die phosphorylierten und korrespondierenden unphosphorylierten Peptidkonjugate wurden mit „schwer"- und „leicht"-markiertem Jurkat-T-Zelllysat inkubiert und laut dem optimierten Waschprotokoll behandelt. Nach detergenzvermittelter Ablösung der gebundenen Proteine erfolgte die Vereinigung der unterschiedlich markierten Proteinfraktionen mit anschließender 1D-Gelelektrophorese. Tryptisch verdaute Proteine wurden LC-MS/MS getrennt und analysiert. Zur Differenzierung zwischen unspezifisch und phosphorylierungsspezifisch bindenden Proteinen wurde das stabile Isotopenmarkierungsverfahren durch Aminosäuren in Zellkultur (*stable isotope labeling by amino acids in cell culture* [SILAC]) verwendet (Ong et al., 2002). Um mögliche Variabilität im Bindungsverhalten der Hintergrundproteine auszuschließen, wurde eine inverse Markierungsstrategie durchgeführt (Überkreuz-Experimente). Das bedeutete, dass beide Formen eines Peptidkonjugats (phosphoryliert und unphosphoryliert) sowohl mit „schwer"- als auch mit „leicht"-markiertem Zelllysat inkubiert wurden, was zu

3.2 Charakterisierung von Peptid-Protein-Wechselwirkungen an ADAP

zwei unabhängigen *Pulldown*-Experimenten jeder Peptidsequenz führte. Der Unterschied zwischen phosphorylierungsvermittelt bindenden Proteinen und unspezifisch z.b. an das Trägermaterial bindenden Proteinen (Hintergrundproteine) wurde über das Isotopenverhältnis von schwer/leicht (bzw. leicht/schwer im inversen Experiment) der tryptischen Peptide detektiert. Alle Proteine, die unabhängig von der Phosphorylierung als bindend nachgewiesen werden, sollten in beiden Experimenten Isotopenverhältnisse um 1 aufweisen. Die C-terminal in der Peptidsequenz enthaltenen Aminosäuren Arg und Lys führten aufgrund der eingebrachten Markierung wie in Abbildung 3.7 dargestellt zu einer Massenverschiebung im Spektrum.

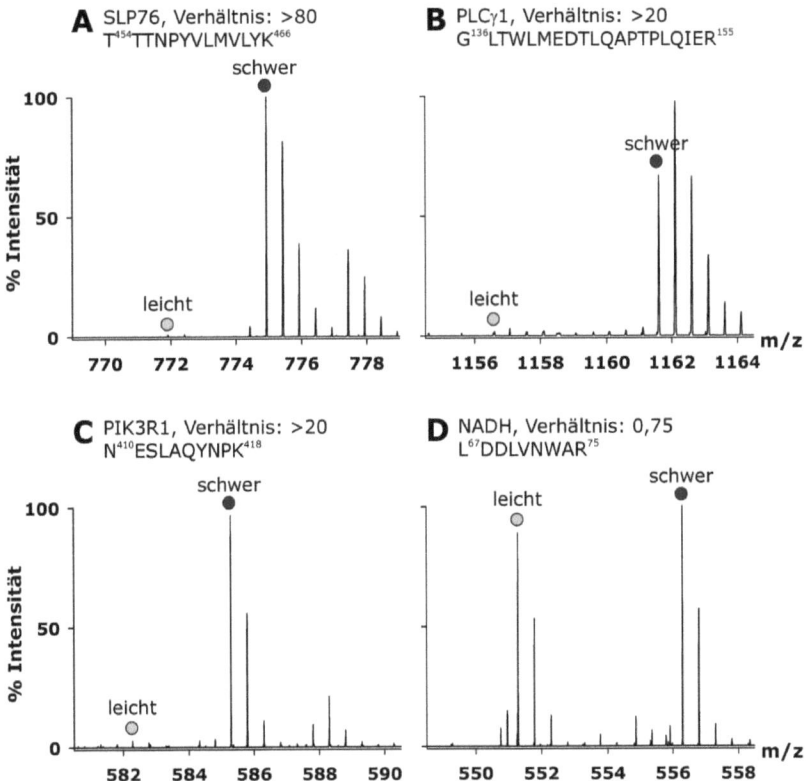

Abbildung 3.7: SILAC-Isotopenverteilung. MS-Spektren tryptischer Peptide phosphorylierungsspezifisch gebundener Proteine (A-C) sowie eines unspezifisch gebundenen Proteins (D). Der Massenunterschied zwischen leichtem und schwerem Zustand ergibt sich aus der eingebrachten Markierung am Lys (+6) bzw. Arg (+10).

3 Ergebnisse

Abhängig von dieser Markierung trat entweder eine Differenz von 6 Da oder 10 Da auf, die sich mit dem Auftreten von Fehlspaltstellen multiplizierte. Tryptische Peptide von phosphorylierungsspezifisch mit den ADAP-Sequenzen interagierenden Proteinen (Abbildung 3.7, A-C) zeigten SILAC-Verhältnisse von >20, wogegen „schwere" und „leichte" Isoformen der Peptide von Hintergrundproteinen ähnliche Peakintensitäten annahmen (Abbildung 3.7, D).

3.2.1 Interaktionspartner

Nach Inkubation der Peptidkonjugate von ADAP-595, ADAP-625 sowie ADAP-771 mit Zelllysat nach der oben beschriebenen Strategie wurden die Proteine 1D-gelelektrophoretisch getrennt (Abbildung 3.8), woraus sich für jedes SILAC-Doppelexperiment zwei Gelspuren ergeben. Unter Verwendung der sensitiven nanoLC-LTQ-Orbitrap-MS wurden an allen drei Positionen mindestens 1600 Proteinen je SILAC-Experiment (Abbildung 3.9, B) identifiziert und quantifiziert. Von diesen gingen nur Proteine in die weiteren Betrachtungen ein, die in beiden Experimenten (regulär bzw. invers) quantifiziert werden konnten. Deren Anzahl ist mit mehr als 1400 Proteinen je ADAP-Position immer noch sehr hoch.

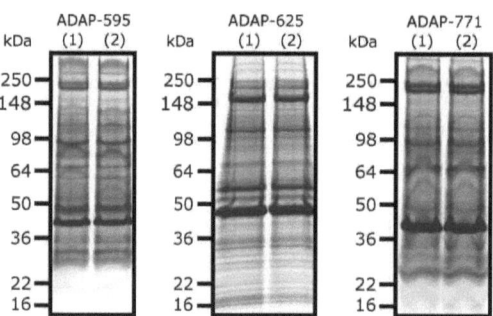

Abbildung 3.8: SILAC-*Pulldown*-Experimente an ADAP-595, ADAP-625 und ADAP-771. Coomassie-gefärbte 1D-Gelspuren der extrahierten Proteine aus dem „normalen" (1) und dem inversen Doppelexperiment (2).

Abbildung 3.9, A stellt die Anzahl der quantifizierten Spektren (*ratio count*, MaxQuant-Algorithmus, Cox und Mann, 2008) gegen das Proteinverhältnis dar, und zeigt, dass für alle ADAP-Sequenzen die Mehrzahl der Proteine ein Isotopenverhältnis von ca. 1 aufweist. Wenige der Proteine zeigen ein Verhältnis (phosphoryliert/unphosphoryliert) von >5, was auf eine phosphorylierungsspezifische Bindung hindeutet.

3.2 Charakterisierung von Peptid-Protein-Wechselwirkungen an ADAP

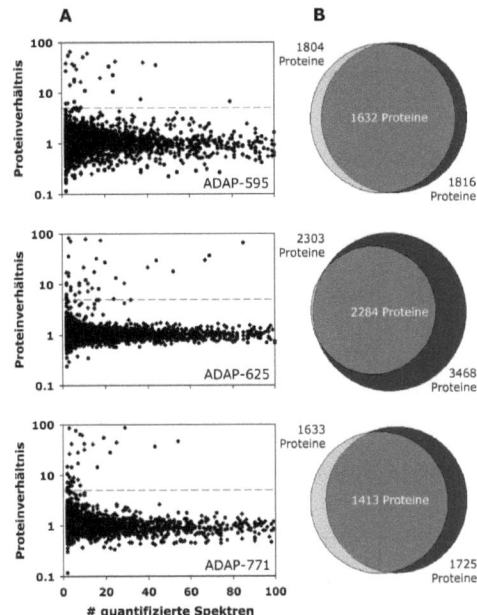

Abbildung 3.9: SILAC-basierte Pulldown-Experimente. A: Streudiagramm. Aufgetragen ist die Anzahl quantifizierter Spektren (*ratio count*, MaxQuant-Algorithmus) gegen das Proteinverhältnis in ADAP-595, ADAP-625 und ADAP-771-Versuchen. Die meisten identifizierten Proteine binden unabhängig von der Tyr-Phosphorylierung (Proteinverhältnis ~1). Zwei unabhängige *Pulldown*-Experimente wurden durchgeführt und jedes Symbol entspricht einem Protein (● reguläres Experiment, ♦ inverses Experiment). B: Venn-Diagramm der quantifizierten Proteine von Wiederholungsexperimenten von ADAP-595, ADAP-625 und ADAP-771.

Erst wenn diese Proteine auch im inversen Experiment mit einem Verhältnis von >5 identifiziert wurden, gelten sie als potentielle phosphosphorylierungsspezifisch bindende Proteine und sind sie in Tabelle 3.3 gelistet. Dargestellt sind die Proteine, die an mindestens einer der ADAP-Positionen als spezifisch bindende Proteine identifiziert wurden.

Tabelle 3.3: Phosphorylierungsspezifisch an die Peptidsequenzen ADAP-595, ADAP-625 sowie ADAP-771 bindende Proteine. Die Anreicherungsverhältnisse wurden mit SILAC im inversen Doppelversuch bestimmt.

Protein	UniProtKB/ Swiss-Prot Zugangs-Nr.	Beschreibung	ADAP-595* Ver-hältnis	# Peptide (quant.)	ADAP-625* Ver-hältnis	# Peptide (quant.)	ADAP-771* Ver-hältnis	# Peptide (quant.)
CRK	P46108	Protoonkogen C-crk	18,2	6	>20	3	>20	6
			>20	4	>20	11	>20	9
GRAP2	O75791	GRB2-abhängiges Adapterprotein 2	>20	22	10,5	12	17,2	7
			>20	7	17,6	15	>20	10
NCK1	P16333	Zytoplasmatisches Protein NCK1	>20	44	>20	20	>20	22
			>20	63	>20	40	>20	19
NCK2	O43639	Zytoplasmatisches Protein NCK2	>20	24	>20	16	>20	8
			>20	30	>20	18	>20	14

3 Ergebnisse

Protein	UniProtKB/ Swiss-Prot Zugangs-Nr.	Beschreibung	ADAP-595* Verhältnis	ADAP-595* # Peptide (quant.)	ADAP-625* Verhältnis	ADAP-625* # Peptide (quant.)	ADAP-771* Verhältnis	ADAP-771* # Peptide (quant.)
PIK3R1	P27986	Phosphatidylinositol-3-kinase regulatorische Untereinheit α	10,5 >20	24 38	>20 >20	44 67	14,4 8,3	16 7
PLCG1	P19174	1-Phosphatidylinositol-4,5-biphosphatphosphodiesterase γ-1	>20 >20	107 123	>20 >20	69 85	>20 >20	54 25
SLP76	Q13094	Lymphozytisches zytosolisches Protein 2	12,7 >20	101 106	13,4 18	25 52	>20 >20	43 29
CRKL	P46109	Crk-ähnliches Protein	n.b.	7 12	12,3 >20	11 10	>20 >20	7 10
FER	P16591	Protoonkogen Tyrosin-Proteinkinase FER	6,7 16,8	6 6	8,2 >20	17 29	n.q.	-
RASA1	P20936	Ras GTPase-aktivierendes Protein 1	11 >20	11 25	n.i.	-	n.q.	-
SH21A	O60880	SH2-Domänen enthaltendes Protein 1A	n.i.	-	8,9 10,8	4 8	n.i.	-
WD40A	Q5T6F0	WD-repeat enthaltendes Protein 40A	n.i.	-	5,1 7	2 8	n.i.	-

* Verhältnisse von zwei unabhängigen Pulldown-Experimenten mit Anreicherungsverhältnissen >5 sind gelistet; n.i.: Protein nicht identifiziert; n.q.: keine Quantifizierung möglich; n.b.: keine phosphorylierungsspezifische Bindung.

Hohe Proteinverhältnisse (>20) wurden nicht genauer unterschieden, da ab diesem Bereich für einzelne tryptische Peptide aufgrund von Markierungseffizienz und Messungenauigkeiten (z.B. durch Limitierungen im Dynamikbereich oder dem S/N-Verhältnis der Massenspektren) keine weitere Differenzierung sinnvoll wäre. Das heißt, man kann davon ausgehen, dass bei Werten >20 der unphosphorylierte Wert zu einem großen Teil auf eine unvollständige Markierung in der Zellkultur oder auf Störpeaks (z.B. chemischem Rauschen) im MS zurückzuführen ist.

Die Proteine CRK, GRAP2, NCK1/2, PIK3R1, PLCγ1 und SLP76 binden phosphorylierungsvermittelt und sequenzunabhängig an alle drei Peptide. Das Protein CRKL konnte als phosphorylierungsspezifisch bindendes Protein an ADAP-625 und ADAP-771 und das Protein FER an ADAP-595 und ADAP-625 bestimmt werden. Demgegenüber interagierten die Proteine RASA1, SH21A sowie WD40A lediglich mit einem der Peptide (ADAP-595 oder ADAP-625) phosphorylierungsvermittelt.

3.2 Charakterisierung von Peptid-Protein-Wechselwirkungen an ADAP

3.2.2 Stimulierte Zellen an ADAP-625

Eine Behandlung von Jurkat-T-Zellen mit dem OKT3-Antikörper führt zur Stimulierung des T-Zellrezeptors (Sylvester et al., 2010). Dadurch sollten die Zustände und Bindungseigenschaften der Proteine im Zelllysat erheblich verändert werden und z.B eine Erhöhung der Phosphorylierung an ADAP bewirken. Im Fall der Tyr-Phosphorylierung am ADAP-625 ist diese Stimulierung von besonderem Interesse, da die phosphorylierungsspezifisch bindende Tyr-Kinase Fyn erst durch Autodephosphorylierung eine Konformationsänderung erfährt und in den bindungskompetenten Zustand überführt wird (Seet et al., 2006). Dieser Prozess sollte im Zuge der Stimulierung verstärkt werden. Ziel des Experimentes war es, zum einen die Fyn-Kinase als Bindungspartner des ADAP-625-Konjugats zu identifizieren und zum zweiten die Veränderungen im Bindungsverhalten aller bindenden Proteine zu dokumentieren. Das Experiment wurde wie in Abbildung 3.6 dargestellt mit dem stimulierten Zelllysat durchgeführt. Invers durchgeführte Doppelexperimente führten zur Identifizierung und Quantifizierung von annähernd 3000 Proteinen, die in beiden Experimenten gleichermaßen vorhanden waren (Abbildung 3.10, B). Abbildung 3.10, A zeigt, dass die Mehrzahl der Proteine ein Verhältnis ~1 aufweist und nur eine kleine Zahl von Proteinen Werte >5 zeigen.

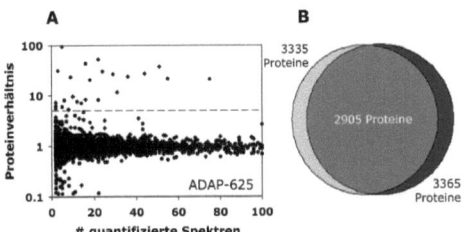

Abbildung 3.10: SILAC-basierte *Pulldown*-Experimente. A: Streudiagramm, aufgetragen sind die Anzahl quantifizierter Spektren (*ratio count*, MaxQuant-Algorithmus) gegen das Proteinverhältnis im ADAP-625-Versuch unter Einsatz von OKT3-stimulierten Zellen. Die meisten identifizierten Proteine binden unabhängig von der Tyr-Phosphorylierung (Proteinverhältnis ~1). Zwei unabhängige *Pulldown*-Experimente wurden durchgeführt. Jedes Symbol entspricht einem Protein (● reguläres Experiment, ♦ inverses Experiment). B: Venn-Diagramm der quantifizierten Proteine von Wiederholungsexperimenten.

Diese Proteine sind in Tabelle 3.4 im Vergleich mit den Werten des ADAP-625-*Pulldowns* aus Tabelle 3.3 dargestellt. Bis auf kleine Unterschiede sind kaum Abweichungen in den SILAC-Verhältnissen (und damit auch nicht in den Bindungseigenschaften) auszumachen. Abgesehen vom Protein CRKL, dessen phosphospezifische

3 Ergebnisse

Bindung im Stimulationsexperiment nicht reproduziert werden konnte und dem Protein GRB2, welches im Stimulationsexperiment zusätzlich als phosphorylierungsspezifisch bindendes Protein detektiert wurde, stimmt die Liste der Proteine im Stimulierungsversuch mit den Ergebnissen unstimulierter Zellen überein.

Tabelle 3.4: Unterschiede in der phosphorylierungsspezifischen Bindung von Proteinen an ADAP-625 aufgrund der Stimulation der Zellkultur. Die Anreicherungsverhältnisse wurden mit SILAC bestimmt. Zum Vergleich sind die Anreicherungsverhältnisse vom ADAP-625-*Pulldown* aus Tabelle 3.3 erneut dargestellt.

Protein	UniProtKB/ Swiss-Prot Zugangs-Nr.	Beschreibung	ADAP-625 Verhältnis	ADAP-625 # Peptide (quant.)	ADAP-625 Verhältnis	ADAP-625 # Peptide (quant.)
CRK	P46108	Protoonkogen C-crk	>20	3	>20	3
			>20	5	>20	11
GRAP2	O75791	GRB2-abhängiges Adapterprotein 2	6	5	10,5	12
			7,6	12	17,6	15
NCK1	P16333	Zytoplasmatisches Protein NCK1	>20	18	>20	20
			>20	24	>20	40
NCK2	O43639	Zytoplasmatisches Protein NCK2	>20	16	>20	16
			>20	22	>20	18
PIK3R1	P27986	Phosphatidylinositol-3-kinase regulatorische Untereinheit α	>20	55	>20	44
			>20	51	>20	67
PLCG1	P19174	1-Phosphatidylinositol-4,5-biphosphatphos-phodiesterase γ-1	>20	75	>20	69
			>20	44	>20	85
SLP76	Q13094	Lymphozytisches zytosolisches Protein 2	>20	29	13,4	25
			>20	36	18	52
CRKL	P46109	Crk-ähnliches Protein	n.q.	-	12,3	11
			>20	9	>20	10
FER	P16591	Protoonkogen Tyrosin-Proteinkinase FER	8,2	22	8,2	17
			11,6	31	>20	29
SH21A	O60880	SH2-Domänen enthaltendes Protein 1A	8,1	6	8,9	4
			9,6	10	10,8	8
WD40A	Q5T6F0	WD-repeat enthaltendes Protein 40A	4	11	5,1	2
			5,3	8	7	8
GRB2	P62993	Wachstumsfaktor Rezeptor-gebundenes Protein 2	7,1	14	n.b.	16
			8,3	16	8,4	14

* Verhältnisse von zwei unabhängigen *Pulldown*-Experimenten mit Anreicherungsverhältnissen >5 sind gelistet; n.q.: keine Quantifizierung möglich; n.b.: keine phosphorylierungsspezifische Bindung.

3.2.3 Betrachtungen zur Affinität der Bindungspartner von ADAP-595

Zur Abschätzung der Affinität der Bindungspartner von ADAP-595 wurde das Peptid-*Pulldown*-Experiment aus Abschnitt 3.2.1 mit Variationen erneut durchgeführt (Tabelle 3.5). Dazu wurden *Pulldown*-Experimente mit phosphorylierter ADAP-Sequenz und unterschiedlichen Waschbedingungen durchgeführt.

Das *Pulldown*-Experiment mit markiertem Zelllysat wurde viermal gewaschen, während das *Pulldown*-Experiment mit unmarkiertem Zelllysat zum Vergleich 20-mal gewaschen wurde. Dadurch sollte sich bei Betrachtung der spezifisch bindenden Proteine aus Tabelle 3.3 ein Unterschied wie folgt darstellen: Proteine, die phosphorylierungsspezifisch mit hoher Affinität binden, sollten an beide Konjugate gleichermaßen gebunden haben und damit Isotopenverhältnisse um 1 ergeben. Durch das extensive Waschen sollten Proteine mit geringer Affinität im „unmarkierten" *Pulldown* erheblich reduziert werden, wogegen Proteine mit hoher Affinität an ADAP-595 wenig oder gar nicht abgewaschen werden. Dadurch ergeben sich folgende Möglichkeiten, welche Werte die SILAC-Verhältnisse annehmen können: Ein Isotopenverhältnis um 1 (0,5 bis 2) zeigt an, dass das Protein eine sehr hohe Affinität zum Peptid besitzt. Höhere SILAC-Werte (ab 5 bis ~20) zeigen, dass das Protein sowohl in der markierten als auch der unmarkierten Probe MS-detektierbar ist. Es wurde jedoch durch die extensive Waschprozedur deutlich reduziert, was für eine geringere Affinität des Proteins spricht. SILAC-Werte, die wesentlich größer als 20 sind, werden für Proteine erwartet, die eine sehr geringe Affinität zum Phosphopeptidkonjugat aufweisen. Diese Proteine werden durch starkes Waschen am ehesten ausgewaschen und können dadurch für die Gesamtanalyse verloren gehen.

Tabelle 3.5: Betrachtungen zur Affinität der phosphorylierungsspezifisch bindenden Proteine an ADAP-595. Die Anreicherungsverhältnisse wurden mit SILAC bestimmt. Zum Vergleich sind die Anreicherungsverhältnisse vom ADAP-595-*Pulldown* aus Tabelle 3.3 erneut dargestellt.

Protein	UniProtKB/ Swiss-Prot Zugangs-Nr.	Beschreibung	ADAP-595* Verhältnis	# Peptide (quant.)	ADAP-595 Verhältnis	# Peptide (quant.)
CRK	P46108	Protoonkogen C-crk	>20	5	18,2	6
					>20	4
GRAP2	O75791	GRB2-abhängiges Adapterprotein 2	2,0	29	>20	22
					>20	7
NCK1	P16333	Zytoplasmatisches Protein NCK1	1,1	105	>20	44
					>20	63

3 Ergebnisse

Protein	UniProtKB/ Swiss-Prot Zugangs-Nr.	Beschreibung	ADAP-595* Verhältnis	# Peptide (quant.)	ADAP-595 Verhältnis	# Peptide (quant.)
NCK2	O43639	Zytoplasmatisches Protein NCK2	0,9	47	>20	24
					>20	30
PIK3R1	P27986	Phosphatidylinositol-3-kinase regulatorische Untereinheit α	0,5	90	10,5	24
					>20	38
PLCG1	P19174	1-Phosphatidylinositol-4,5-biphosphatphosphodiesterase γ-1	0,5	273	>20	107
					>20	123
SLP76	Q13094	Lymphozytisches zytosolisches Protein 2	0,8	208	12,7	101
					>20	106
FER	P16591	Protoonkogen Tyrosin-Proteinkinase FER	1,0	11	6,7	6
					16,8	6
RASA1	P20936	Ras GTPase-aktivierendes Protein 1	0,4	48	11	11
					>20	25

* Verhältnisse von einem *Pulldown*-Experiment der phosphorylierungsspezifisch bindenden Proteine aus Tabelle 3.3 sind gelistet.

Alle neun phosphorylierungsspezifisch bindenden Proteine an ADAP-595 aus Abschnitt 3.2.1 wurden identifiziert und quantifiziert. Acht der Proteine zeigen im Affinitätsversuch Anreicherungsverhältnisse im Bereich von 1. Lediglich das Protein CRK wurde mit einem Verhältnis von >20 detektiert.

3.3 Alternatives Markierungsverfahren zur Bestimmung von Interaktionspartnern

Da eine relative Quantifizierung basierend auf der SILAC-Methode auf die Anwendung von Zellkulturmaterial beschränkt ist, sollte ein alternatives Verfahren für die in Abschnitt 3.2.1 dargestellten Experimente getestet werden. Hierfür wurde das enzymatische Markierungsverfahren mit ^{18}O-Wasser ausgewählt, da es sich um eine einfach durchzuführende, nahezu universell einsetzbare massenspektrometrische Quantifizierungsmethode handelt. Zur Evaluierung, ob die ^{18}O-Methode ebenfalls dazu geeignet ist, quantitative Aussagen aus Peptid-*Pulldown*-Experimenten zu treffen, wurde die im vorhergehenden Abschnitt beschriebene Strategie (Abbildung 3.6) auf dieses Markierungsverfahren übertragen. Die dafür modifizierte Strategie ist in Abbildung 3.11 dargestellt.

3.3 Alternatives Markierungsverfahren zur Bestimmung von Interaktionspartnern

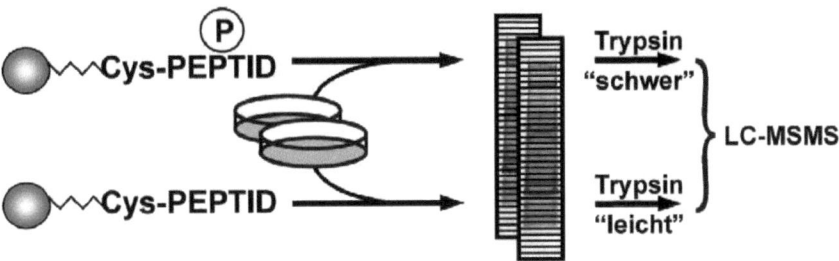

Abbildung 3.11: Prinzip der Peptid-*Pulldown*-Experimente unter Verwendung der ^{18}O-Markierung. Auftrennung und Analyse wurden mittels 1D-Gelelektrophorese und LC-MS/MS durchgeführt. Experimente wurden unter Verwendung einer inversen Markierungsstrategie repliziert.

Es wurden phosphorylierte und die korrespondierenden unphosphorylierten Peptid-Agarosekonjugate von ADAP-595, ADAP-625 sowie ADAP-771 (Tabelle 3.1) mit identischem (unmarkiertem) Jurkat-T-Zelllysat inkubiert und entsprechend des optimierten Waschprotokolls behandelt. Nach detergenzvermittelter Ablösung der gebundenen Proteine erfolgte die 1D-Gelelektrophorese der Proben, wobei jede dieser separat getrennt wurde. Während des tryptischen Verdaus wurde die unterschiedliche Markierung eingebracht und nach Vereinigung der Proben erfolgte die Auftrennung und Analyse mittels LC-MS/MS. Die ^{18}O-Methode beruht darauf, dass während des tryptischen Verdaus der Proteine unterschiedlich schwere Sauerstoffisotope (^{18}O bzw. ^{16}O) in die Carboxylgruppe von Lys oder Arg eingebaut werden. Dadurch ergibt sich durch enzymatische Hydrolyse mit anschließender Substitution in Gegenwart von $H_2^{16}O$ bzw. $H_2^{18}O$ zwischen „leicht"- und „schwer"-markierten Proben eine Massendifferenz von 4 Da. Für eine Quantifizierung muss jedoch auch der einfachmarkierte Zustand berücksichtigt werden, der zu einer Massendifferenz von 2 Da führt (vgl. dazu Abschnitt 1.2.4). Dies wurde über den Einsatz der *Mascot Distiller Quantitation Toolbox* erreicht, die zur Berücksichtigung sich überlagernder Isotopenmuster eine automatisierte Dekonvolution der Spektren durchführt. Die Summe aus einfach- und zweifach-markierten Peptiden im Verhältnis zum unmarkierten Peptid führt zu Werten, die eine Aussage über die Phosphospezifität der Wechselwirkung zwischen Protein und Peptidsequenz treffen können. Für die Isotopenverhältnisberechnung („schwer"/„leicht") spielt es keine Rolle, welchen Wert das Verhältnis aus einfach- zu zweifach-markiertem Isotop annimmt, da beide aufsummiert werden. Vergleichbar mit dem SILAC-Ansatz wurde auch hier eine inverse Markierungsstrategie durchgeführt (Überkreuz-Experimente). Das bedeutete, dass beide Formen ei-

3 Ergebnisse

nes Peptidkonjugats (phosphoryliert und unphosphoryliert) sowohl mit ^{18}O-Wasser („schwer") als auch mit ^{16}O-Wasser („leicht") verdaut wurden, was zu zwei unabhängigen *Pulldown*-Experimenten an jeder Peptidsequenz führte. Nicht-phosphorylierungsspezifisch gebundene Proteine zeigen ein ^{18}O/^{16}O-Verhältnis von ca. 1, da sie an phosphorylierte und unphosphorylierte Peptide in ähnlichem Maße gebunden haben. Daraus ergeben sich Peptidspektren, die etwa gleiche Intensitäten der beiden Isotopenspezies in der Ionenspur aufweisen (Abbildung 3.12, D).

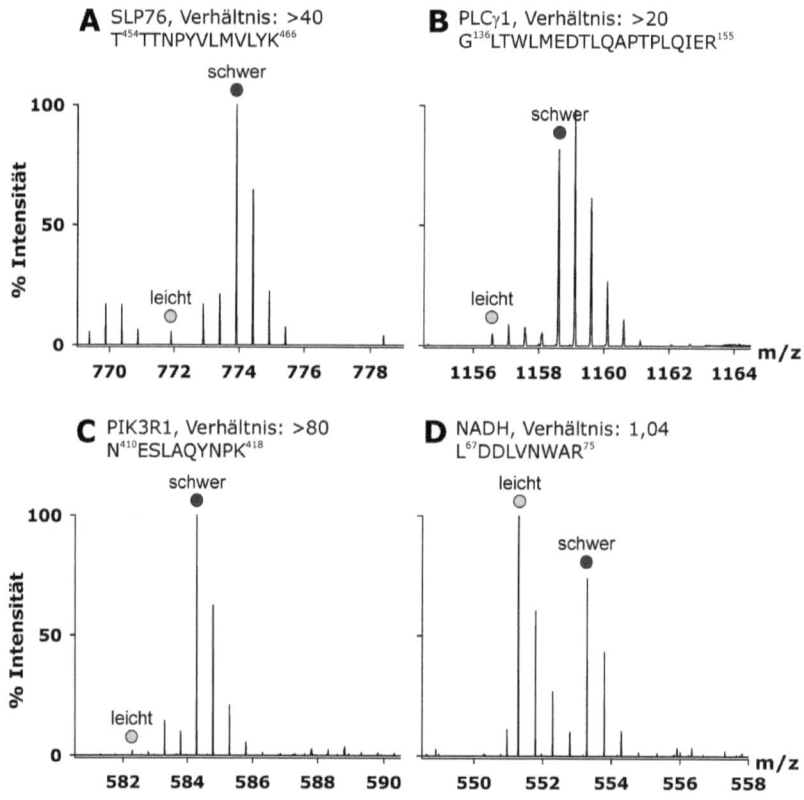

Abbildung 3.12: ^{18}**O-Isotopenverteilung.** MS-Spektren tryptischer Peptide phosphorylierungsspezifisch gebundener Proteine (A-C) sowie eines unspezifisch gebundenen Proteins (D). Der Massenunterschied zwischen „leichtem" und „schwerem" Zustand beträgt 2 Da (einfacher ^{18}O-Einbau) bzw. 4 Da (doppelter ^{18}O-Einbau).

Demgegenüber werden für phosphorylierungsspezifisch bindende Proteine ^{18}O-Verhältnisse, die größer als 1 und häufig sogar >20 sind, gefunden. Abhängig von

3.3 Alternatives Markierungsverfahren zur Bestimmung von Interaktionspartnern

der Experimentvariante („normal" bzw. invers) ergibt sich damit ein Überschuss an ^{18}O- bzw. im inversen Experiment ^{16}O-markiertem Isotopencluster (Abbildung 3.12, A-C). Die Berechnung der Proteinverhältnisse fand auf Basis von mindestens zwei quantifizierten Peptiden statt, welche den festgelegten Kriterien entsprachen (Abschnitt 2.10.3). Dabei wurde ein Protein als phosphorylierungsspezifisch bindendes Protein akzeptiert, wenn es in zwei unabhängigen Überkreuzexperimenten mit einem ^{18}O-Verhältnis (phosphoryliert/unphosphoryliert) von >5 identifiziert wurde.

Im Anschluss an die Inkubation der Peptidkonjugate von ADAP-595, ADAP-625 sowie ADAP-771 mit Zelllysat erfolgte die Auftrennung der Proteine auf einem 1D-Gel (Abbildung 3.13). Aufgrund der separaten Trennung der an phosphoryliertes und das korrespondierende unphosphorylierte Peptidkonstrukt gebundenen Proteine ergeben sich für jedes ^{18}O-Doppelexperiment vier Gelspuren.

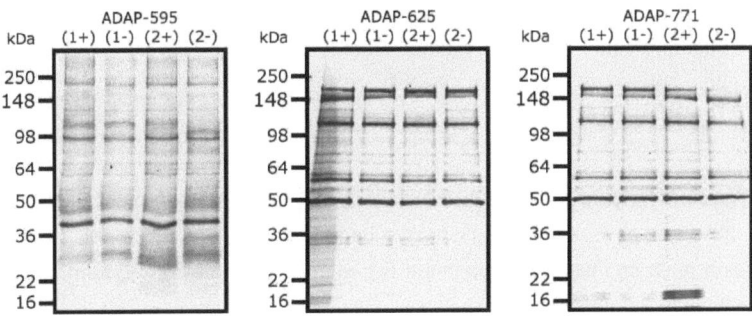

Abbildung 3.13: ^{18}O-*Pulldown*-Experimente an ADAP-595, ADAP-625 und ADAP-771. Coomassie-gefärbte 1D-Trennungen der extrahierten Proteine aus dem „normalen" (1) und dem inversen Doppelexperiment (2). (+) Die Inkubation erfolgte an bindendem (phosphoryliertem) Peptidkonjugat, (-) die Inkubation erfolgte an nicht bindendem (unphosphoryliertem) Peptidkonjugat.

Die Verwendung der sensitiven nanoLC-LTQ-Orbitrap-MS führte an allen drei Positionen zur Identifizierung und Quantifizierung von mindestens 600 Proteinen je Experiment (Abbildung 3.14, B). Von diesen gingen nur Proteine in die weiteren Betrachtungen ein, die in beiden Experimenten (regulär bzw. invers) quantifiziert werden konnten. Deren Anzahl liegt mit 500 bis 1000 Proteinen je ADAP-Position immer noch sehr hoch. Abbildung 3.14, A stellt die Anzahl der quantifizierten Peptide (Mascot Distiller-Algorithmus) gegen das Proteinverhältnis dar, und zeigt, dass für alle ADAP-Sequenzen die Mehrzahl der Proteine ein Isotopenverhältnis von ca. 1 aufweist.

3 Ergebnisse

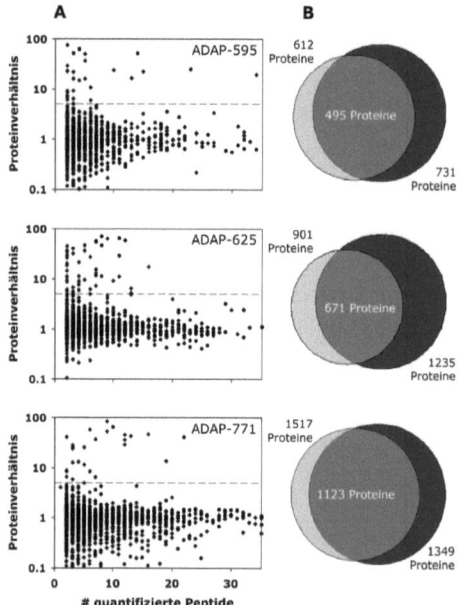

Abbildung 3.14: ^{18}O-basierte Pulldown-Experimente. A: Streudiagramm. Aufgetragen ist die Anzahl quantifizierter Peptide (Mascot Distiller-Algorithmus) gegen das Proteinverhältnis der ADAP-595, ADAP-625 und ADAP-771-Versuche. Die meisten identifizierten Proteine binden unabhängig von der Tyr-Phosphorylierung (Proteinverhältnis ~1). Zwei unabhängige Pulldown-Experimente wurden durchgeführt und jedes Symbol entspricht einem Protein (• reguläres Experiment, ♦ inverses Experiment). B: Venn-Diagramm der quantifizierten Proteine von Wiederholungsexperimenten von ADAP-595, ADAP-625 und ADAP-771.

Wenige der Proteine zeigen ein Verhältnis (phosphoryliert/unphosphoryliert) von >5, was auf eine phosphorylierungsspezifische Bindung dieser hindeutet. Wurden die Proteine auch im inversen Experiment mit einem Verhältnis von >5 identifiziert, sind sie in Tabelle 3.6 gelistet.

Tabelle 3.6: Phosphorylierungsspezifisch an die Peptidsequenzen ADAP-595, ADAP-625 sowie ADAP-771 bindende Proteine. Die Anreicherungsverhältnisse wurden mit dem enzymatischen Markierungsverfahren mit ^{18}O-Wasser im inversen Doppelversuch bestimmt.

Protein	UniProtKB/ Swiss-Prot Zugangs-Nr.	Beschreibung	ADAP-595* Verhältnis	# Peptide (quant.)	ADAP-625* Verhältnis	# Peptide (quant.)	ADAP-771* Verhältnis	# Peptide (quant.)
CRK	P46108	Protoonkogen C-crk	>20	3	>20	2	>20	3
			10,8	6	>20	2	>20	9
GRAP2	O75791	GRB2-abhängiges Adapterprotein 2	>20	4	>20	5	>20	5
			16,2	3	>20	7	>20	13
NCK1	P16333	Zytoplasmatisches Protein NCK1	>20	14	11,4	8	>20	8
			>20	15	>20	5	>20	12
NCK2	O43639	Zytoplasmatisches Protein NCK2	>20	5	10,9	2	>20	6
			>20	10	>20	9	>20	9

3.3 Alternatives Markierungsverfahren zur Bestimmung von Interaktionspartnern

Protein	UniProtKB/ Swiss-Prot Zugangs-Nr.	Beschreibung	ADAP-595* Ver- hältnis	ADAP-595* # Peptide (quant.)	ADAP-625* Ver- hältnis	ADAP-625* # Peptide (quant.)	ADAP-771* Ver- hältnis	ADAP-771* # Peptide (quant.)
PIK3R1	P27986	Phosphatidylinositol-3-kinase regulatorische Untereinheit α	>20 16,2	4 5	>20 >20	11 12	>20 >20	10 12
PLCG1	P19174	1-Phosphatidylinositol-4,5-biphosphatphosphodiesterase γ-1	>20 19,6	23 34	>20 >20	14 23	>20 >20	16 22
SLP76	Q13094	Lymphozytisches zytosolisches Protein 2	>20 16,6	9 13	>20 >20	8 6	>20 >20	10 16
CRKL	P46109	Crk-ähnliches Protein	n.q.	-	5,6 >20	3 5	>20 >20	7 12
FER	P16591	Protoonkogen Tyrosin-Proteinkinase FER	9,2 6,7	2 2	>20 >20	7 8	n.q.	-
RASA1	P20936	Ras GTPase-aktivierendes Protein 1	15 >20	4 5	n.q.	-	n.q.	-
FYN	A0JNB0	Protoonkogen Tyrosin-Proteinkinase Fyn	n.i.	-	11,3 9,0	4 4	n.b.	7 6
LCK	P06239	Protoonkogen Tyrosin-Proteinkinase LCK	n.b.	7 10	12,8 17,4	7 16	n.b.	14 19
PIK3R2	O00459	Phosphatidylinositol-3-kinase regulatorische Untereinheit β	n.i.	-	>20 >20	2 3	n.q.	-
UBS3B	Q8TF42	Ubiquitin assoziiertes und SH3- Domänen enthaltendes Protein B	n.i.	-	15,4 9,2	7 10	n.i.	-

* Verhältnisse von zwei unabhängigen Pulldown-Experimenten mit Anreicherungsverhältnissen >5 sind gelistet; n.i.: Protein nicht identifiziert; n.q.: keine Quantifizierung möglich; n.b.: keine phosphorylierungsspezifische Bindung.

Dargestellt sind die Proteine, die an mindestens einer der ADAP-Positionen als spezifisch bindende Proteine identifiziert wurden. Dafür mussten die Proteinverhältnisse in beiden Experimenten (regulär und invers) einen Wert >5 aufweisen, der als intensitätsgewichteter Mittelwert aus 2 und mehr Peptiden gebildet wurde. Hohe Proteinverhältnisse (>20) wurden, wie in Abschnitt 3.2.1 erläutert, nicht genauer unterschieden, da keine weitere Differenzierung sinnvoll wäre.

Die Proteine CRK, GRAP2, NCK1/2, PIK3R1, PLCγ1 und SLP76 binden sequenzunabhängig an alle drei Peptide phosphorylierungsvermittelt. Das Protein CRKL konnte als phosphorylierungsspezifisch bindendes Protein an ADAP-625 und ADAP-771 und das Protein FER an ADAP-595 und ADAP-625 bestimmt werden. Demgegenüber interagierten die Proteine RASA1, FYN, LCK, PIK3R2 sowie UBS3B lediglich mit einem der Peptide (ADAP-595 oder ADAP-625) phosphorylierungsvermittelt.

3 Ergebnisse

Zur konkreten Gegenüberstellung der Ergebnisse aus den SILAC-Versuchen (Abschnitt 3.2.1) und den ^{18}O-Versuchen (Abschnitt 3.2.3) wurden die Verhältnisse der mit beiden Markierungsmethoden identifizierten und quantifizierten Proteine in einem Streudiagramm gegenübergestellt (Abbildung 3.15).

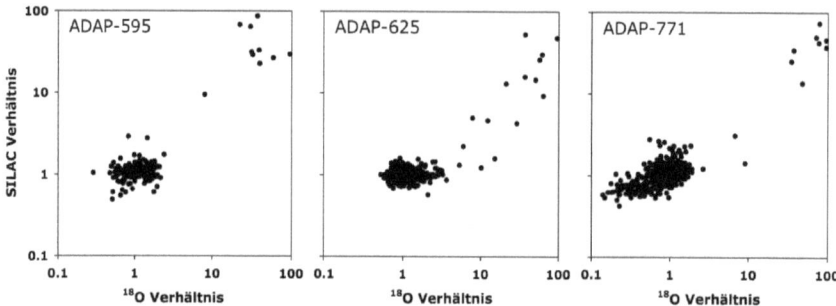

Abbildung 3.15: Streudiagramme der Proteinverhältnisse bestimmt mittels SILAC- und ^{18}O-Methodik im Vergleich. Die Verhältnisse wurden aus den Werten der inversen Doppelexperimente gemittelt. Ein Punkt repräsentiert ein Protein. Verhältnisse mit Werten >100 wurden auf ein Verhältnis von 80 festgelegt.

Die Mehrzahl der Proteine zeigte mit beiden Quantifizierungsmethoden ein Quantifizierungsverhältnis von ca. 1. Die Unterschiede der Verhältnisse korrelieren zwischen den Methoden in einem adäquaten Bereich. Vor allem die Verhältnisse der phosphorylierungsspezifisch bindenden Proteine, d.h. Proteine mit einem Proteinverhältnis >5 im oberen, rechten Bereich der Darstellungen, stimmen sehr gut zwischen den Methoden überein.

3.4 Phosphotyrosinanaloga

In vivo-Proteinphosphorylierungen übernehmen im Allgemeinen regulatorische Funktionen. Aus diesem Grund ist die Einführung der Phosphatgruppe ein reversibler Prozess (Walsh *et al.*, 2005). Durch unbeabsichtigte (und nur teilweise kontrollierbare) Phosphataseaktivität in *in vitro*-Experimenten kann es deshalb zu Abspaltungen der Phosphatgruppe kommen. Bei der Untersuchung der Relevanz von Phosphorylierungen kann es somit sinnvoll sein, anstelle von phosphorylierten Aminosäuren stabile Analoga der Aminosäuren einzusetzen, um konstante Bedingungen während des gesamten Experimentes zu gewährleisten. Weiterhin kann es auch hilfreich für das Verständnis von Prozessen sein, eine (maskierte) Phosphorylierung erst zu einem

3.4 Phosphotyrosinanaloga

bestimmten Zeitpunkt des Experiments freizusetzen.

So wurde z.B. durch die Einführung von Phosphonomethylen-L-phenylalanin (Phosphonat), welches durch Phosphataseaktivität nicht abgespalten werden kann, in die Proteinphosphatase LMW-PTP gezeigt, dass die stabile Modifizierung mittels Phosphonat zu einer geringeren Enzymaktivität führt. Daraus wurde geschlossen, dass eine entscheidende Funktion der Phosphorylierung in der Regulation der Enzymaktivität von LMW-PTP besteht (Schwarzer *et al.*, 2006).

Im Nachfolgenden wurden Phosphotyrosinanaloga mit Substitutionen des Tyrosinphosphatesters auf ihre Bindungseigenschaften genauer untersucht. Abbildung 1.1 zeigt die Struktur der natürlichen Tyrosinphosphorylierung (A) und zweier analoger, synthetischer Verbindungen: B: Phosphonat und C: Phosphoramidat. In zwei Vergleichsexperimenten wurde mit jeweils einem der beiden Phosphotyrosinanaloga modifiziertes ADAP-595-Agarosekonjugat auf die Bindungseigenschaften im Vergleich zur phosphorylierten und unphosphorylierten Sequenz des ADAP-595 untersucht.

3.4.1 Charakterisierung der Bindung am Phosphonat

Ein stabiles Mimetikum des Tyrosinphosphatesters ist das Phosphonat (Abbildung 1.1, B). Das Peptid mit der Sequenz des ADAP-595 wurde von Dr. Dirk Schwarzer (FMP Berlin) synthetisiert. Im Folgenden wurde überprüft, ob die exprimierte Fyn-Domäne in ähnlichem Maße an das Phosphonatpeptid bindet wie an das phosphorylierte Peptid. Dazu wurde die Fyn-Domäne in Gegenwart von BSA mit phosphoryliertem ($^+$) und unphosphoryliertem ($^-$) ADAP-595-Agarosekonjugat sowie mit ADAP-595-Phosphonatkonjugat (^{C}) inkubiert (Abbildung 3.16). Die Bindung der Fyn-Domäne an das Phosphonat war bei diesem Versuchsansatz offensichtlich, jedoch zeigte sich, dass im Vergleich zur natürlichen Phosphorylierung eine schwächere Intensität in der Färbung vorlag.

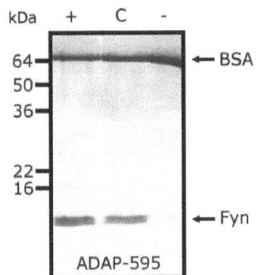

Abbildung 3.16: Bindungsexperiment. Die Fyn-Domäne (100 µM) wurde in Gegenwart von BSA (500 µM) an phosphoryliertem (+) und unphosphoryliertem (-) ADAP-595 vergleichend mit dem Phosphonat (C) von ADAP-595 inkubiert.

3 Ergebnisse

3.4.2 Charakterisierung der Bindung am Phosphoramidat

Ein weiteres Phosphoanalogon, welches auf seine Eigenschaften bezüglich phosphorylierungsabhängiger Wechselwirkungen untersucht werden sollte, ist das Phosphoramidat des ADAP-595-Agarosekonjugats (synthetisiert von Dr. Remigiusz Serwa [AG Hackenberger, FU Berlin]). Da es sich hierbei um ein instabiles Konjugat handelt, wurden zwei photolabile Nitrobenzyl-Schutzgruppen an der Phosphatgruppe eingeführt. Dies ergibt zudem die Möglichkeit einer selektiven Freisetzung des Phosphoramidats, sodass z.B. Wechselwirkungen zeitabhängig untersucht werden können. Zur Freisetzung des Phosphoramidats mussten deshalb die Schutzgruppen vor der eigentlichen Inkubation mit der Fyn-Domäne durch Einstrahlung von Licht mit Wellenlängen >325 nm entfernt werden. Aus diesem Grund wurde die Evaluierung der Phosphoramidat-Konjugat-Eigenschaften in einem Zwei-Schritt-Prozess durchgeführt. Im ersten Schritt stand dabei die Evaluation der Einstrahlzeit zur Entfernung der photolabilen Schutzgruppen. Der zweite Schritt sollte klären, über welchen Zeitraum das entschützte Konjugat stabil ist und ob dadurch eine Verkürzung der regulären Proteininkubationszeit (d.h. 60 min) nötig wird.

Das Experiment zur Optimierung der Einstrahlungszeit (Abbildung 3.17) wurde an der phosphorylierten ADAP-595-Sequenz durchgeführt, die mit zwei Nitrobenzylgruppen an der Phosphatgruppe geschützt wurde. Nach der Einstrahlung mit Wellenlängen >325 nm für unterschiedliche Zeitintervalle wurde das Inkubationsexperiment mit der Proteinlösung (100 µM Fyn, 500 µM BSA) gemäß den in Abschnitt 3.1 definierten Standardbedingungen (Inkubationszeit: 60 min, 4x Waschen) durchgeführt. Es zeigte sich, dass schon nach einer Einstrahlung von 15 min keine Veränderung in der Intensität der Fyn-Bande zu erkennen war. Somit wurde diese Zeitspanne für die weiteren Experimente eingesetzt.

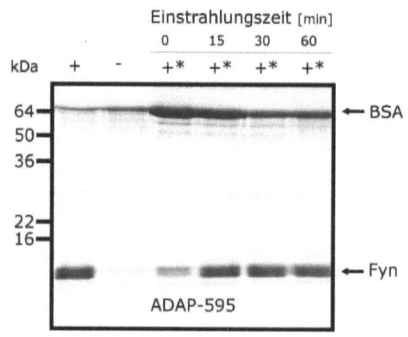

Abbildung 3.17: Optimierung der Einstrahldauer anhand von ADAP-595-Konjugat. Geschütztes Phospho-Tyr ($^{+*}$) wurde unterschiedlich lange (0, 15, 30 bzw. 60 min) mit Wellenlängen >325 nm eingestrahlt und anschließend mit Proteinlösung (100 µM Fyn, 500 µM BSA) inkubiert.
[*mit Schutzgruppe (2x Nitrobenzyl)]

3.4 Phosphotyrosinanaloga

Abbildung 3.18 zeigt die Optimierung bezüglich der Inkubationszeit (Standard: 60 min), wozu geschütztes Phosphoramidat verwendet wurde. Die Proteinlösung wurde über drei Zeiträume (15, 30 bzw. 60 min) mit dem Peptid an Agarose inkubiert. Zusätzlich wurde noch eine kürzere Inkubationszeit (5 min) ausgetestet. Aus dem Experiment wird deutlich, dass die Fyn-Domäne spezifisch an das Phosphoramidat-Konjugat bindet. Aufgrund der Färbeintensität der Fyn-Banden ließen sich kaum Unterschiede zwischen einzelnen Einstrahlungs- und Inkubationszeiten ableiten. Es war jedoch eine minimal stärkere Färbung bei 15-minütiger Einstrahlung festzustellen.

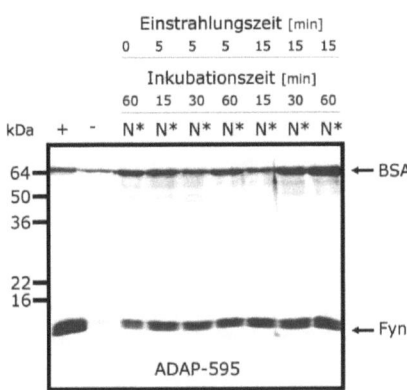

Abbildung 3.18: Optimierung der Inkubation anhand von ADAP-595-Phosphoramidat-Konjugat. Das geschützte Phosphoramidat (N*) wurde jeweils 5 bzw. 15 min mit >325 nm bestrahlt und entweder 15, 30 oder 60 min mit der Proteinlösung inkubiert. [Phosphoryliertes Peptid an Agarose (⁺) und unphosphoryliertes Peptid an Agarose (⁻) wurde als Kontrolle mitgeführt. [*mit Schutzgruppe (2x Nitrobenzyl)]

Es wurden keine durch die Inkubationszeit verursachten Unterschiede gefunden, was dazu führte, dass die nachfolgenden Experimente unter Standardbedingungen durchgeführt wurden. Somit wurden für die *Pulldown*-Experimente (vgl. Abschnitt 3.4.3) eine Einstrahlung von 15 min und eine Inkubationszeit von 60 min gewählt. Zusätzlich wurde eine deutlich stärkere Intensität der BSA-Banden im Gegensatz zu den Kontrollen ($^{+/-}$) festgestellt.

3.4.3 *Pulldown*-Experimente

Die charakterisierten ADAP-595-Konjugate mit Substitution der Phosphatgruppe am Tyr 595 durch eine Phosphonat- und Phosphoramidatgruppe wurde mittels der in Abbildung 3.6 beschriebenen Vorgehensweise in vergleichenden *Pulldown*-Experimenten eingesetzt. Dafür wurde anstelle des phosphorylierten Peptidkonjugats das kovalent an Agarose gekoppelte Phosphonat (ADAP-595 [C]) bzw. Phosphoramidat (ADAP-595 [N]) eingesetzt. Beide *Pulldown*-Experimente wurden in Doppelexperimenten unter Verwendung der inversen Markierungsstrategie durchgeführt. Es konn-

3 Ergebnisse

ten ca. 3000 (ADAP-595 [C]) bzw. ca. 2000 (ADAP-595 [N]) Proteine je Einzelexperiment quantifiziert werden (Abbildung 3.19, B).

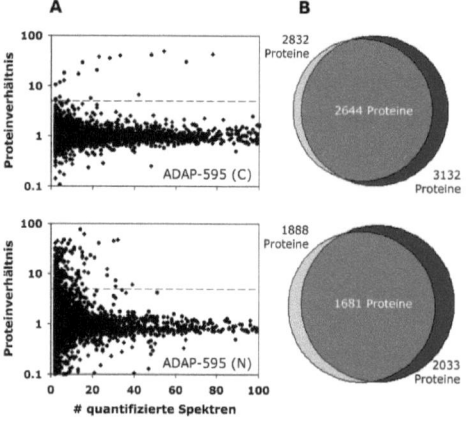

Abbildung 3.19: SILAC-basierte Pulldown-Experimente. A: Streudiagramm. Aufgetragen ist die Anzahl quantifizierter Spektren (ratio count, MaxQuant-Algorithmus) gegen das Proteinverhältnis von Phosphoanaloga der ADAP-595-Peptidsequenz. Die meisten identifizierten Proteine binden Phosphonat- bzw. phosphoramidatunabhängig (Proteinverhältnis ~1), jedoch ist die Streuung für ADAP-595 (N) sehr groß. Zwei unabhängige Pulldown-Experimente wurden durchgeführt und jedes Symbol entspricht einem Protein (• reguläres Experiment, ♦ inverses Experiment). B: Venn-Diagramm der quantifizierten Proteine von Wiederholungsexperimenten.

Die Anzahl der Proteine, die in beiden Teilen des Doppelexperimentes quantifiziert wurden, lag bei ca. 2600 (ADAP-595 [C]) und ca. 1600 (ADAP-595 [N]). Abbildung 3.19 (A) stellt die Anzahl der quantifizierten Spektren (ratio count, MaxQuant-Algorithmus) gegen das Proteinverhältnis dar, und zeigt, dass für ADAP-595 (C) die Mehrzahl der Proteine ein Isotopenverhältnis von ca. 1 aufweist. Wenige der Proteine zeigen ein Verhältnis (Phosphonat/unphosphoryliert) von >5, was auf eine phosphonatspezifische Bindung hindeutet. Die Verteilung um ein Verhältnis von 1 ist auch beim ADAP-595 (N)-Experiment gegeben, jedoch ist diese Streuung wesentlich breiter als bei den Experimenten mit phosphorylierten oder phosphonatmodifizierten Konjugaten. Es zeigte sich, dass mehr als 80 Proteine ein Verhältnis (Phosphoramidat/unphosphoryliert) >5 aufweisen. Abbildung 3.20 zeigt zwei Venn-Diagramme, die die Überlagerung der phosphorylierungsspezifisch bindenden Proteine (hellgrau) mit den bindenden Proteinen an Phosphonat (links) und Phosphoramidat (rechts) in dunkelgrau zeigen.

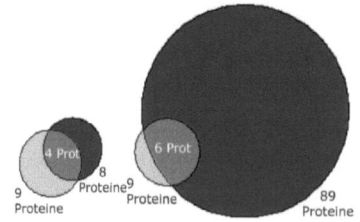

Abbildung 3.20: Venn-Diagramme. Überlagerungen von phosphorylierungsspezifisch bindenden Proteinen (hellgrau) mit den bindenden Proteinen an Phosphonat (links) und Phosphoramidat (rechts) in dunkelgrau.

3.4 Phosphotyrosinanaloga

In Tabelle 3.7 sind die Isotopenverhältnisse für Proteine dargestellt, die in Abschnitt 3.2.1 als phosphorylierungsspezifisch bindende Proteine an ADAP-595 identifiziert wurden.

Tabelle 3.7: Proteinverhältnisse aus inversen Doppelexperimenten von spezifisch bindenden Proteinen an ADAP-595 (C) bzw. ADAP-595 (N). Nur von Proteinen, die in Abschnitt 3.2.1 als phosphorylierungsspezifisch bindende Proteine identifiziert wurden, wurden die Werte aufgeführt.

Protein	UniProtKB/ Swiss-Prot Zugangs-Nr.	ADAP-595* Verhältnis	# Peptide (quant.)	ADAP-595 (C)* Verhältnis	# Peptide (quant.)	ADAP-595 (N)* Verhältnis	# Peptide (quant.)
CRK	P46108	18,2	6	n.i.	-	n.i.	-
		>20	4				
GRAP2	O75791	>20	22	17,3	13	18	6
		>20	7	>20	23	18,4	4
NCK1	P16333	>20	44	>20	48	>20	23
		>20	63	>20	54	>20	32
NCK2	O43639	>20	24	>20	15	>20	14
		>20	30	>20	33	>20	16
PIK3R1	P27986	10,5	24	n.i.	-	n.i.	-
		>20	38				
PLCG1	P19174	>20	107	10,6	2	11,4	13
		>20	123	n.b.	5	9,8	7
SLP76	Q13094	12,7	101	>20	65	>20	15
		>20	106	>20	78	>20	30
FER	P16591	6,7	6	n.b.	2	n.i.	-
		16,8	6		6		
RASA1	P20936	11	11	n.q.	-	>20	3
		>20	25	12,8	6	7,7	4

* Verhältnisse von zwei unabhängigen Pulldown-Experimenten mit Anreicherungsverhältnissen >5 sind gelistet; n.i.: Protein nicht identifiziert; n.q.: keine Quantifizierung möglich; n.b.: keine phosphorylierungsspezifische Bindung.

Mit ADAP-595 (C) interagierten die vier Proteine GRAP2, NCK1/2 und SLP76 analog zu dem Experiment mit dem Phosphopeptid. Die Proteine PLCγ1 und RASA1 wurden nur in einem Teilexperiment angereichert, wogegen die Proteine CRK, PIK3R1 und FER nicht (als spezifisch bindend) identifiziert werden konnten. Wie aus dem Venn-Diagramm hervorgeht, wurden zusätzlich vier weitere Proteine angereichert, die nicht phosphospezifisch, sondern nur phosphonatspezifisch gebunden wurden. An ADAP-595 (N) wurden 89 angereicherte Proteine identifiziert. Von diesen gehörten sechs Proteine (GRAP2, NCK1/2, PLCγ1, SLP76 sowie RASA1) in die Gruppe der phosphorylierungsspezifisch bindenden Proteine. Die phosphorylierungsspezifisch bindenden Proteine CRK, PIK3R1 und FER konnten dagegen nicht identifiziert werden.

3 Ergebnisse

4 Diskussion

Protein-Protein-Wechselwirkungen sind für die Weitergabe von Informationen in biologischen Systemen von entscheidener Bedeutung. Dabei hat sich herausgestellt, dass viele dieser Wechselwirkungen durch kurze Peptidsequenzen vermittelt werden. Ihre Aktivität wird über reversible Modifizierungen wie z.B. Phosphorylierungen bestimmt. Gerade im T-Zellrezeptor-Signalweg finden viele Wechselwirkungen phosphorylierungsvermittelt statt. So ist bekannt, dass das Adapterprotein ADAP im Zuge der Aktivierung des T-Zellrezeptors (TCR) mehrfach phosphoryliert wird und eine Bestimmung von phosphorylierungsvermittelten Wechselwirkungen mit ADAP damit neue Erkenntnisse für den Prozess des sogenannten *inside-out-signaling* liefern kann.

In dieser Arbeit wurde ein proteomischer Ansatz entwickelt, der die Bestimmung von phosphorylierungsvermittelten Protein-Protein-Wechselwirkungen erlaubt. Dafür wurden trägergekoppelte, synthetische Peptide eingesetzt, mit deren Hilfe potentielle Wechselwirkungspartner des T-Zell-Adapterproteins ADAP identifiziert wurden. Im Rahmen der Arbeit wurden methodische Untersuchungen zur Darstellung von Peptid-Matrixkonjugaten und zur Entwicklung von verbesserten *Pulldown*-Protokollen für die Identifizierung von neuen Protein-Protein-Wechselwirkungen durchgeführt.

4 Diskussion

4.1 Kovalent gebundene Peptide für *Pulldown*-Experimente

Zunächst wurden synthetisierte Peptidsequenzen (vgl. Tabelle 3.1) des Proteins NOS-I und des Adapterproteins ADAP in phosphorylierter und unphosphorylierter Form kovalent an vier verschiedene Trägermaterialien (NOS-746 an Syntheseharz und TiO_2 sowie ADAP-625 an Cellulose und Agarose) gebunden. Die Peptidkonjugate sollten die realen Bindungseigenschaften der gekoppelten Peptide widerspiegeln, wodurch die Verwendung in *Pulldown*-Experimenten erst möglich wird.

Das Tentagel SRAM-Syntheseharz wird ursprünglich in der chemischen Peptidsynthese eingesetzt und besitzt eine hohe Beladung mit reaktiven Gruppen (Fmoc-geschützte Amine). Dies ist eine Voraussetzung dafür, über kovalente Kopplungen zwischen Syntheseharz und Peptid unter Verwendung von Maleimidohexansäure (M-hex-OH) eine hohe Peptidbeladung erzielen zu können. Ein denkbarer Ansatz besteht auch in der direkten Synthese der Peptide an der Matrix, was über herkömmliche Strategien der Peptidsynthese erreicht werden kann.

Die spezifische Bindung von CaM an die Peptid-Syntheseharzkonjugate war nur sehr schwach. Obendrein war auch keine phosphorylierungsspezifische Bindung detektierbar, was sich darin äußerte, dass CaM an beide Peptidkonjugate in ähnlichem Maße gebunden hat. Es wurde deutlich, dass nur ein kleiner Teil der Peptidbeladung auf der Oberfläche präsentiert wird. Dadurch ist eine Zugänglichkeit der im Inneren der Träger befindlichen Peptidsequenzen erschwert. Potentielle Interaktionspartner können dadurch entweder nicht interagieren oder nach der Wechselwirkung schlechter abgelöst werden. Somit stellte sich das Syntheseharz in diesen initialen Versuchen als weniger geeignet für die Anwendung zur Bestimmung von peptidvermittelten Wechselwirkungen dar. Im Übrigen ist die Handhabung des Syntheseharzes eher ungeeignet für *Pulldown*-Versuche, da die Einwaage von wenigen Kügelchen äußerst fehlerbehaftet war, sodass mit großen Abweichungen der eingesetzten Peptidmenge zu rechnen wäre. Der in Betracht gezogene Ansatz zur Direktsynthese der Peptide am Syntheseharz wurde verworfen, da die hohe erforderliche Qualität der Peptide (aufgrund des Fehlens von Reinigungsschritten nach der Synthese in Form von LC-MS-Methoden) nicht garantiert werden kann (Shin *et al.*, 2005).

Der Einsatz von TiO_2 als Matrix in Peptid-*Pulldown*-Experimenten schien sehr interessant, da es sich hierbei um einen porösen Festkörper handelt, der in Kugelform vorliegt und äußerst effizient z.B. in chromatographischen Trennungen ist. TiO_2

4.1 Kovalent gebundene Peptide für Pulldown-Experimente

zeichnet sich vor allem durch seine mechanische Stabilität aus, was eine beständige Anwendung möglich machen sollte. Die Matrix wurde vom Hersteller mit einem Aminopropylsilan-Abstandshalter funktionalisiert, sodass mittels M-hex-OH das Peptid kovalent gekoppelt wurde.

Die CaM-Bindung an TiO_2 war stärker als am Syntheseharz. Obwohl jedoch die Phosphorylierung bekanntermaßen die Wechselwirkung des NOS-746-Peptides mit CaM unterbindet (Zoche et al., 1997), wurde hier, anders als erwartet, eine stärkere Bindung von CaM an das phosphorylierte Konjugat detektiert. Es liegt die Vermutung nahe, dass auch nach erfolgter Funktionalisierung von TiO_2 die Eigenschaften des Trägermaterials nicht vollständig maskiert werden konnten. TiO_2 selbst wird in anderen Anwendungen aufgrund seiner Bindungseigenschaften auch dazu einsetzt, Phosphopeptide in proteomischen Untersuchungen zu binden und anzureichern (Klemm et al., 2006). Die beschriebene pH-abhängige Bindung der Phosphatgruppe an TiO_2 zeigt, dass schon im (hier eingesetzten) physiologischen pH-Bereich eine Bindung der Phosphatgruppe an TiO_2 auftritt (Connor und McQuillan, 1999). Dies würde im Prozess der Immobilisierung der Phosphopeptide zusätzlich zu der angestrebten kovalenten Bindung an das Trägermaterial zu einer zusätzlichen und nicht erwünschten nicht-kovalenten Bindung des phosphorylierten Peptids an TiO_2 führen. Dadurch ergibt sich eine wesentlich höhere Beladung mit Phosphopeptid als mit nicht-phosphoryliertem Peptid an TiO_2. Dabei ist ein großer Anteil der bindungsverhindernden Phosphatgruppe am TiO_2-Träger komplexiert. Somit kann die Bindung des CaM an das modifizierte Trägermaterial nicht verhindert werden. Es ist davon auszugehen, dass es daraus resultierend am phosporylierten Peptidkonjugat zu einer verstärkten CaM-Bindung kommt. Aus diesem Grund war auch der Einsatz von TiO_2 aufgrund der unvollständigen Maskierung der Eigenschaften des Trägermaterials für die vorgestellte Methode nicht geeignet und sollte als Schlussfolgerung aus diesen Ergebnissen auch in anderen Peptid- bzw. Proteinansätzen vermieden werden, wenn keine Anreicherung von Phosphopeptiden angestrebt wird.

Sowohl Syntheseharz als auch TiO_2 lagen in Form von kleinen, trockenen Kügelchen vor. Im Gegensatz dazu wurde Cellulose in Form eines Blattes, welches leicht auf die gewünschte Größe zugeschnitten werden konnte, eingesetzt. Dadurch ergab sich vor allem in Bezug auf die Waschschritte eine sehr einfache Durchführung, die zur Vermeidung von Abweichungen in der Aufarbeitung beitragen kann. Auch für angedachte automatische Abläufe in *Pulldown*-Experimenten ergeben sich viele Vorteile. Im Übrigen ist auch an der Cellulose (genauso wie am Syntheseharz) eine direkte

4 Diskussion

Peptidsynthese unter Einsatz von multiplen Synthesestrategien möglich. Leider zeigte sich hier schon in Vorversuchen (Daten nicht gezeigt), dass eine Synthese der Phosphopeptide stark fehlerbehaftet war bzw. teilweise gar nicht gelang, worauf auch an der Cellulose auf die Strategie der Direktsynthese verzichtet wurde.

Unter Einsatz der definierten Cellulose-Spots trat sehr deutlich eine Bindung der Fyn-Domäne an das phosphorylierte Peptid auf. Abgesehen davon konnte keine weitere Bindung an der Cellulose detektiert werden. Es fanden weder unspezifische Bindungen von BSA, noch unspezifische Bindungen der Fyn-Domäne an das Trägermaterial oder unphosphoryliertes Peptid statt. Dies spräche für einen weiteren Einsatz der Cellulose als Matrix in Peptid-*Pulldown*-Experimenten, da die Cellulose wenig unspezifisch bindende Proteine (Hintergrundproteine) bindet. Erklärbar ist dies aus der guten Zugänglichkeit der Matrix, die in der Schichtstruktur der Cellulose begründet liegt. Dadurch reichen wenige Waschschritte aus, Hintergrundproteine zu entfernen. Einschränkungen in der Anwendbarkeit treten hier jedoch durch die geringe Menge an Bindungsstellen für spezifisch bindende Proteine durch die geringe Kapazität des Peptidkonjugats auf. Dies konnten auch Versuche bestätigen, in denen die Verwendung von Zelllysaten zu keiner Anreicherung von spezifisch bindenden Proteinen führte (Daten nicht gezeigt), was vermuten lässt, dass die geringe Beladung mit bindungskompetentem Peptid zu einer unzureichenden Proteinbindung führte (vgl. Abschnitt 1.1). Da alle Versuche, die Peptidbeladung an der Cellulose zu erhöhen, scheiterten, wurde trotz der sehr spezifischen Bindung auch hier nach einer Alternative gesucht.

Quervernetzte Agarose (auch unter dem Namen Sepharose bekannt) ist die Standardmatrix, die in vielen IP-Experimenten zum Einsatz kommt (Quill *et al.*, 2001; Nelson *et al.*, 2002; Schulze und Mann, 2004; Wilhelmsen *et al.*, 2004; von Rechenberg *et al.*, 2005; Lavagni *et al.*, 2009). Dabei kann die Agarose unterschiedlich modifiziert sein, sodass beispielsweise Peptide kovalent über freie Aminogruppen (Allan *et al.*, 2000) oder (terminale) Thiolfunktionen (Quill *et al.*, 2001; Wilhelmsen *et al.*, 2004) des Peptids gekoppelt werden können. Ein Nachteil der ungerichteten Kopplung über die Aminogruppen in den Seitenketten von beispielsweise Antikörpern ist der teilweise oder komplette Verlust der Bindungskapazität aufgrund von reduzierten Antikörper-Antigen-Wechselwirkungen (Loetscher *et al.*, 1992). Auch eine spezifische Aufreinigung von biotinylierten Peptiden mittels an Agarose immobilisiertem Avidin oder Streptavidin ist verbreitet (Claypool *et al.*, 2002; Schulze und Mann, 2004).

Bei Einsatz der Peptid-Agarosekonjugate konnte im Gegensatz zu den bisher be-

4.1 Kovalent gebundene Peptide für Pulldown-Experimente

schriebenen Konjugaten eine sehr starke Bindung am gebundenen Phosphopeptid detektiert werden. Eine äußerst geringe (unspezifische) Bindung war auch am unphosphorylierten Peptid und der Negativkontrolle festzustellen. Im Gegensatz zum Cellulosekonjugat war hier auch eine (gleichmäßige, unspezifische) Bindung von BSA an alle Agarosekonjugate zu detektieren. Letztendlich wurde es für die weiteren Anwendungen als entscheidend erachtet, dass das Agarosekonjugat die größte Menge an Protein binden konnte. Cellulose zeigte zwar weniger unspezifische Bindungen, konnte jedoch aufgrund einer zu geringen Kapazität nicht genügend Protein binden, was eine massenspektrometrische Identifizierung der spezifisch bindenden Proteine unmöglich machte. Somit wurden sämtliche nachfolgenden Experimente mit den Peptid-Agarosekonjugaten durchgeführt.

Da eine starke phosphorylierungsspezifische Bindung zwischen der Fyn-Domäne und der ADAP-Position Tyr 625 in der Literatur beschrieben wurde (vgl. dazu Abschnitt 1.3.1), wurde zuerst eine Bestätigung und Evaluierung dieser spezifischen Bindung zwischen der exprimierten Fyn-Domäne und ADAP-625 gebunden an Agarose angestrebt. Die Phosphospezifität der Bindung wurde bereits gezeigt (Abbildung 3.1). Weitergehend wurde die Bindung der Fyn-Domäne an das phosphorylierte Peptidkonjugat in Abhängigkeit von ihrer Konzentration in Abbildung 3.2 untersucht. Proteinkonzentrationen im Bereich von 0,1 µM bis 100 µM wurden mit dem ADAP-625-Peptidkonjugat inkubiert und die Färbeintensität des eluierten Proteins bestimmt. Mit einem Überschuss an BSA (als unspezifisch bindendes Protein) konnte bei Erhöhung der Konzentration der Fyn-Domäne auch eine Intensitätserhöhung auf dem Gel festgestellt werden. Obwohl Konzentrationen von 100 µM jede zu erwartende biologisch relevante Proteinkonzentration übersteigen, wird deutlich, dass auch mit dieser Menge an Protein noch nicht alle Bindungsstellen am Agarosekonjugat abgesättigt sind und damit noch nicht die Kapazität des Konjugats für das spezifisch bindende Protein erreicht ist.

Im Weiteren war entscheidend für die Methodenkonzeption, mit welcher Intensität (d.h. mit wie vielen Waschschritten) unspezifisch bindende Proteine abgereichert werden sollten. Die Durchführung von Waschschritten nach der Inkubation von Protein mit Agarosekonjugat ist deswegen wichtig, da viele Proteine in hohen Konzentrationen im Zellextrakt vorhanden sind und auch unspezifisch an Agarose oder Peptid binden können. Die Entfernung von Proteinen im Zuge von Waschschritten führt zu einer Abreicherung von unspezifisch (mit geringerer Affinität) bindenden Proteinen (sogenannten Hintergrundproteinen), wodurch erst eine Detektion der normalerweise

4 Diskussion

gering abundanten spezifisch bindenden Proteine ermöglicht wird. Dabei besteht natürlich die Gefahr, dass auch phosphorylierungsspezifisch bindende Proteine mit einer geringeren Affinität gegenüber dem Konjugat entfernt werden (Howell et al., 2006). NMR-Titrationsexperimente konnten die Bindung der Fyn-Domäne mit ADAP-625 auf K_D-Werte im unteren µM-Bereich eingrenzen (Sylvester, 2009). Die Detektion einer Bindung in diesem Bereich zwischen Köder-Peptid und Fyn-Domäne sollte unproblematisch sein, da die ermittelten Konzentrationen des Peptids mit mehr als 100 µM je Experiment (Tabelle 3.2) die gemessenen K_D-Werte deutlich überschritten (Howell et al., 2006). Da diese Werte jedoch stark fehlerbehaftet sind, konnte keine direkte Übertragung auf die Auswahl der Waschschritte erfolgen. Aus diesem Grund musste die am besten geeignete Zahl der Waschschritte evaluiert werden. Dazu wurde erneut eine Fyn/BSA-Proteinlösung mit phosphorylierten ($^+$) und unphosphorylierten ($^-$) Peptidkonjugaten sowie Agaroseträgern ohne Peptid ($^°$) inkubiert und die Auswaschung der Fyn-Domäne mit zunehmender Anzahl von Waschschritten detektiert (Abbildung 3.3). Dabei wurde deutlich, dass unspezifisch an ($^-$) und ($^°$) bindende Fyn-Domäne schon nach 2-4 Waschschritten deutlich reduziert war, wogegen phosphorylierungsspezifisch bindendes Protein ($^+$) auch nach 10-maligem Waschen in deutlicher Menge am Peptidkonjugat erhalten blieb. Daher liegt die Annahme nahe, dass es sich um einen Komplex mit einer relativ hohen Bindungsstärke handelt und der eigentliche K_D-Wert dieser Wechselwirkung wesentlich kleiner ist als der bestimmte. Es kann deshalb davon ausgegangen werden, dass der K_D-Wert der Bindung der Fyn-Domäne an phosphoryliertes ADAP eher im oberen nM-Bereich liegt. Es ist wahrscheinlich, dass weitere SH2-Domänen-Proteine aus dem Kontext des TCR-Signalweges ADAP als Substrat nutzen und phosphorylierungsvermittelt interagieren. Da diese Proteine sowohl mit Fyn als auch untereinander bezüglich ihrer Bindung an ADAP in Konkurrenz zueinander stehen, sollten sie vergleichbare Bindungsstärken aufweisen. Aus diesem Grund ist es legitim, die optimale Anzahl der bestimmten Waschschritte auf nachfolgende *Pulldown*-Experimente zu übertragen. Daraus ergaben sich für die weiteren Versuche standardmäßig vier Waschschritte, sodass unter Erhalt der spezifisch bindenden Proteine unspezifisch bindende Proteine möglichst effizient entfernt werden können.

Trotz ausreichender Agarose-Peptid-Beladung kann eine Detektion von niedrig konzentrierten Proteinen in der komplexen Probenmatrix problematisch sein (Howell et al., 2006). Ein mögliches Vorgehen, den schwach abundanten spezifischen Binder dennoch zu detektieren, kann darin bestehen, die eingesetzte Gesamtproteinkon-

4.1 Kovalent gebundene Peptide für Pulldown-Experimente

zentration zu erhöhen (Phizicky und Fields, 1995). Da es jedoch in einer definierten Ausgangslösung mit speziellen Proteinverteilungen wie in einem Zelllysat nur über Anreicherungsschritte einhergehend mit systeminherenten Proteinverlusten möglich ist, die Konzentration von einzelnen Proteinen zu erhöhen, sollte bei den verwendeten hypothesefreien Ansätzen eine andere Strategie verfolgt werden, die ohne eine weitere Probenvorbereitung auskommt. Daher wurde getestet, ob eine Erhöhung der absolut zur Verfügung gestellten Menge an Protein in Form einer Volumenerhöhung eine stärkere Anreicherung des Proteins zur Folge hat. Hierbei wurde über eine schrittweise Erhöhung des Volumens einer Fyn/BSA-Proteinlösung eine Anreicherung von gebundener Fyn-Domäne erzielt. Dabei machte es für die phosphorylierungsspezifische Bindung der Fyn-Domäne keinen Unterschied, ob die Lösung einmalig oder in kleinen Volumina von je 20 µL mit Abzentrifugation der Proteinlösung nach jedem Inkubationsschritt aufgetragen wurde. Dies wird darin begründet liegen, dass die Kapazität des Peptidkonjugats ausreichend groß ist, um die gesamte zur Verfügung gestellte Menge der Fyn-Domäne phosphorylierungsspezifisch zu binden. Auch würden Proteinverluste durch die eingeführten Zentrifugationsschritte aufgrund der (zuvor detektierten) hohen Affinität zwischen Fyn-Domäne und Peptid so gering sein, dass eine Unterscheidung nur über die Färbung des Gels, welches zur Quantifizierung verwendet wurde, kaum möglich ist. Demgegenüber zeigte sich, dass die Intensität des unspezifisch gebundenen BSA bei mehrmaligem Auftragen in kleinem Volumen im Gegensatz zum einmaligen Auftrag der Proteinlösung auch mittels Gelfärbung nachweisbar deutlich anstieg. Dennoch ist bei beiden Verfahren festzustellen, dass die Erhöhung des verwendeten Volumens zu einer deutlichen Anreicherung der Fyn-Domäne im Vergleich zum Matrixhintergrund führt, mit den schon beschriebenen Vorteilen auf Seiten der einmaligen Zugabe der Proteinlösung. Zusätzlich wird durch die Erhöhung der Menge an phosphorylierungsspezifisch bindendem Protein (Fyn-Domäne) das unspezifisch bindende BSA verdrängt. Daraus kann man schließen, dass die Kapazität des Trägers für den unspezifischen Binder BSA erreicht war. Durch den Einsatz großer Volumina kann also die Bindung von unspezifisch bindenden Hintergrundproteinen, die in starkem Überschuss vorhanden sind, im Verhältnis zu höheraffinen Bindungspartnern erheblich verkleinert werden.

Sowohl von den schon beschriebenen Agarosekonjugaten der Peptide NOS-746 und ADAP-625 als auch von den im Weiteren eingesetzten Peptidsequenzen von ADAP (Tyr 595, Tyr 771) wurde die Peptidbeladung je mg Agarose bestimmt. Diese Aussage ist vor allem wichtig, um (i) das Funktionieren der Peptidkopplung im Allgemeinen

4 Diskussion

zu überprüfen, (ii) die Vergleichbarkeit von phosphoryliertem und korrespondierendem unphosphoryliertem Peptidkonjugat zu gewährleisten und (iii) eine möglichst hohe Beladung zu erreichen, die es auch ermöglicht, niedrig abundante Proteine anzureichern. Dabei gilt jedoch zu beachten, dass eine übermäßig hohe Peptidbeladung zu einer verstärkten Bindung von unspezifisch bindenden Proteinen führen kann (Chen *et al.*, 2009). Die Beladungsbestimmung mittels Aminosäureanalytik ergab eine Beladung im Bereich von ca. 5 nmol/mg (Peptid/Agarose) bis mehr als 40 nmol/mg (Tabelle 3.2). Trotz dieser Schwankungen, die im Wesentlichen von der Peptidsequenz abhängen, war die Kopplungseffizienz für phosphorylierte und unphosphorylierte Peptide einer Sequenz vergleichbar. Die Größe des kovalent gebundenen Peptides ist anscheinend wichtiger für die Kopplung als die eingebrachte Modifizierung, da die längste Sequenz (NOS-746) auch zur geringsten Beladung führte. Um Peptidkonjugate mit vergleichbaren Beladungen für solche *Pulldown*-Experimente zu erhalten, sollte demnach die Größe und Sequenz der zu vergleichenden Peptide nicht zu stark voneinander abweichen. Kleinere Differenzen in der Beladung können jedoch auch noch während des Quantifizierungsschrittes über eine Normalisierung aller Werte angeglichen werden.

4.2 Identifizierung spezifischer Bindungspartner

Die Mehrzahl der mittels der SILAC-Strategie detektierten Proteine interagierte unabhängig von der Phosphorylierung mit beiden Peptidkonstrukten jedes ADAP-Peptids in gleichem Maße, was sich in einem SILAC-Verhältnis um 1 widerspiegelt. Auch die Anzahl der quantifizierten Proteine aus zwei parallelen Experimenten („normal" und invers) einer Peptidsequenz ist vergleichbar, wobei die Mehrzahl der Proteine in beiden Überkreuzexperimenten einer Peptidsequenz detektiert wurde (Abbildung 3.9, B), was auf eine sehr gute Reproduzierbarkeit und damit ausreichende Robustheit der Methodik hindeutet. Unterschiede in der Anzahl von quantifizierten Proteinen zwischen einzelnen *Pulldown*-Experimenten lassen sich damit erklären, dass schon geringfügige Abweichungen in der Probenaufarbeitung zu einem Plus oder Verlust von Proteinen, die auf der Basis von nur zwei Peptiden identifiziert und quantifiziert wurden, führen können. So können diese Proteine beispielsweise durch erhöhte Effizienz in der Waschprozedur, die zur Entfernung von Hintergrundproteinen durchgeführt wurde, entfernt werden.

4.2 Identifizierung spezifischer Bindungspartner

Die entscheidenden Ergebnisse dieser Experimente stellen jedoch Proteine dar, die in beiden Überkreuzexperimenten einheitlich mit einem SILAC-Verhältnis (phosphoryliert/unphosphoryliert) >5 identifiziert wurden (Tabelle 3.3). Es konnten zwölf phosphorylierungsspezifisch bindende Proteine an den drei ADAP-Motiven identifiziert werden. Die dargestellten Proteine sind SH2-Domänen-enthaltende Proteine, was die phosphorylierungsvermittelte Spezifität der Wechselwirkung belegt und auf entscheidende Funktionen dieser Proteine im T-Zellrezeptor (TCR)-Signalweg hindeutet. Sieben der Proteine (SLP76, PLCγ1, PIK3R1, NCK1/2, GRAP2 und CRK) wechselwirkten in ähnlichem Maße mit allen drei Phosphorylierungsstellen mit Anreicherungsfaktoren, die in der Regel bei >20 lagen. Da die Erhöhung der Spezifität einer Bindung im Allgemeinen mit niedrigerer Affinität der Bindungspartner zueinander einhergeht (Hoffmann *et al.*, 2010), kann man vermuten, dass die scheinbar fehlende sequenzabhängige Differenzierung zwischen den Peptiden zu einer erhöhten Affinität der Proteine an die zur Verfügung gestellten phosphorylierten Peptidkonjugate führt. Ein dynamischer Austausch von Interaktionspartnern zwischen den einzelnen Peptidsequenzen kann außerdem einen großen Stellenwert bei der Komplexbildung von Proteinen einnehmen, was die biologische Relevanz der gefundenen Ergebnisse unterstreicht. Denkbar ist auch, dass *in vivo* ein lokales Aufeinandertreffen von diversen SH2-Domänen enthaltenden Proteinen zu kurzen Wechselwirkungen (zwischen Protein und Peptidsequenz) mit hohen Abgangsraten führt. Aufgrund der hohen Peptidbeladung der Matrix (vgl. Abschnitt 4.1), die eine Detektion von geringeraffinen Bindungspartnern unterstützt, können diese Wechselwirkungen folglich im *Pulldown*-Experiment simultan detektiert werden.

Die *Pulldown*-Experimente konnten die phosphorylierungsspezifische Wechselwirkung von SLP76 mit ADAP-595 bestätigten (Geng *et al.*, 1999; Raab *et al.*, 1999). Sie zeigten außerdem, dass auch die weiteren untersuchten ADAP-Positionen mögliche Bindungsmotive für SLP76 darstellen. Die Proteine GRAP2 und SLP76 wurden mittels Bindungsvorhersagen unter Verwendung des SMALI-Algorithmus (Huang *et al.*, 2008; Li *et al.*, 2008) als mögliche Bindungspartner von ADAP-595 mit moderaten Wahrscheinlichkeiten eingestuft. Es ist jedoch bekannt, dass SLP76 sowohl mit GRAP2 (über eine hochaffine SH3-Peptid-Wechselwirkung) als auch dem Protein PLCγ1 wechselwirkt (Bezman und Koretzky, 2007), sodass es wahrscheinlicher ist, dass diese Proteine über SLP76 nur sekundär mit ADAP interagieren. Außerdem wurde gezeigt, dass PIK3R1 nicht direkt mit ADAP interagiert (da Silva *et al.*, 1997) und somit über eine sekundäre Bindung mit ADAP assoziiert ist. Für die N-terminale

4 Diskussion

SH2-Domäne von dem Ras GTPase aktivierenden Protein 1A (RASA1) existieren bezüglich einer spezifischen Wechselwirkung mit ADAP unterschiedliche Annahmen, die sich auf die Vergleiche von Bindungssequenzen von SH2-Domänen stützen (Huang et al., 2008; Miller et al., 2008).

Wie oben beschrieben interagierten sieben der zwölf phosphorylierungsspezifisch bindenden Proteine in gleichem Maße mit allen drei ADAP-Peptidsequenzen. Zusätzlich konnten jedoch auch Bindungspartner identifiziert werden, die ausschließlich mit ein oder zwei der untersuchten ADAP-Tyr-Motive interagierten. Sie zeigten also nicht nur eine phosphorylierungs-, sondern auch eine sequenzabhängige spezifische Bindung an die Peptidkonjugate. Ein Beispiel hierfür ist die Protoonkogen Tyrosin-Proteinkinase FER. Obwohl sie beispielsweise hohe SILAC-Verhältnisse von >6 bei der Bindung mit ADAP-595 und ADAP-625 zeigte, konnte sie jedoch nicht als Bindungspartner von ADAP-771 bestätigt werden. Demgegenüber konnte ADAP-595 als alleiniges Bindungsmotiv von RASA1 identifiziert werden.

Durch die Identifizierung von RASA1 als potentiellem Bindungspartner von ADAP stellt sich die Frage, ob durch diese direkte Wechselwirkung zwischen beiden Proteinen eine Verbindung zwischen TCR- und Ras-Signalweg existiert oder eher eine Wechselwirkung mit dem Protein Rap1 im Zuge des T-Zellsignalweges stattfindet. Es wurde festgestellt, dass mittels Bindung zwischen einem anderen Adapterproteins und einem Protein der Ras-Familie eine Regulation der Signaltransduktionswege vom TCR zum Ras-Signalweg stattfindet, jedoch wurde der Effekt dieser Regulierung unterschiedlich beschrieben (Kosco et al., 2008; Schneider et al., 2008). Da RASA1 spezifisch mit dem Protein Ras interagiert, kann somit auch eine potentielle Bindung zwischen RASA1 und ADAP zur weiteren Vernetzung beider Signalwege führen. Obwohl die Spezifität von RASA1 bei Ras liegt, ist auch eine Wechselwirkung zwischen RASA1 und dem Protein Rap1 denkbar, was die Identifizierung eines Komplexes aus PLCγ1, RASA1 und Rap1, der für die Plättchenfaktoraktivierung von entscheidender Bedeutung ist, nahelegt (Torti und Lapetina, 1992).

Obwohl gezeigt wurde, dass die Protoonkogen Tyrosin-Proteinkinase Fyn das Adapterprotein ADAP *in vivo* phosphoryliert (da Silva et al., 1997; Raab et al., 1999) und als Bindungspartner von ADAP-625 identifiziert wurde (da Silva et al., 1993), konnte Fyn im vorgestellten SILAC-Versuch nicht als phosphorylierungsspezifisch bindendes Protein an ADAP identifiziert werden. Dies steht im Widerspruch zu den Ergebnissen initialer Versuche, die zeigten, dass die exprimierte Fyn-SH2-Domäne mit hoher Affi-

4.2 Identifizierung spezifischer Bindungspartner

nität an phosphoryliertes ADAP-625 (und auch an ADAP-595 und ADAP-771) bindet und diese Eigenschaft auch in Gegenwart von Zelllysat Bestand hat (Abbildung 3.5). Da nicht klar war, ob der bei Kinasen bekannte Autophosphorylierungsprozess (vgl. dazu Abschnitt 1.1.1) in diesem Fall eine Auswirkung auf das Bindungsverhalten zwischen ADAP-625 und Fyn hat, sollte über eine Stimulation des TCR mit dem Antikörper OKT3 bestimmt werden, ob sich dadurch das Bindungsverhalten von ADAP-625 ändert. Die Gegenüberstellung der phosphorylierungsspezifisch bindenden Proteine von ADAP-625 unter Verwendung von stimulierter und unstimulierter Zellkultur (Abschnitt 3.2.1) zeigten, dass große Übereinstimmung zwischen beiden Ergebnissen auftrat. Abgesehen von drei der gelisteten Proteine wurden die Proteine in beiden Versuchsvarianten als phosphorylierungsspezifisch bindende Proteine identifiziert. Unterschiedliche Ergebnisse zwischen den unstimulierten und stimulierten Versuchen sind zum einen darauf zurückzuführen, dass die Proteine CRKL und GRB2 in einem der Versuche ausschließlich in einem Überkreuzexperiment detektiert werden konnten. Die zweite Abweichung ist in der Bindung von WD40A an ADAP-625 zu finden: Hier liegen die SILAC-Verhältnisse im Stimulationsexperiment nicht konsequent über dem gesetzten Schwellenwert von >5. Da diese Proteine jedoch reproduzierbar identifiziert wurden, scheinen diese Unregelmäßigkeiten in methodischen Abweichungen begründet zu sein. Darum sollten für eine klare Aussage an dieser Stelle Wiederholungen der Experimente durchgeführt werden. Letztendlich ist jedoch entscheidend, dass auch unter Verwendung von stimulierten Zellen keine phosphorylierungsspezifische Bindung der Fyn-Kinase an die Peptidkonjugate nachgewiesen werden konnte.

Alternativ ist auch denkbar, dass Fyn aus verschiedenen anderen Gründen nicht als phosphorylierungsspezifisch gebunden bestimmt werden konnte: Zum einen liegt das Protein höchstwahrscheinlich nur in sehr geringer Konzentration im Zelllysat vor. Dies würde eine Detektion auch vor einem stark abgereicherten unspezifisch bindenden Proteinhintergrund deutlich erschweren. Zweitens ist bekannt, dass N-terminale Lipidmodifizierungen von Fyn zur Membranassoziation des Proteins führen (Wolven *et al.*, 1997; van't Hof und Resh, 1999) und damit den Solubilisierungsprozess des Proteins unter Standarddetergenzbedingungen stark beeinträchtigen können (Freund *et al.*, 2002). Dadurch findet eine weitere Reduktion der Konzentration in Lösung und damit der Bindung von Fyn an ADAP statt, was letztendlich zu einer fehlenden Identifizierung von Fyn führt.

4 Diskussion

Es ist bekannt, dass SH2-Domänen nach der Bindung an Epitope im Allgemeinen eine hohe Abgangsrate zeigen, wodurch schnelle Signaltransduktionsprozesse ermöglicht werden (Pawson und Nash, 2000). Deshalb wurde eine variierte Version des Experiments eingesetzt, um Affinitätsabschätzungen der Bindungspartner von ADAP-595 zu erzielen (Abschnitt 3.2.3). Dazu wurde ein vergleichendes SILAC-Experiment zwischen zwei phosphorylierten ADAP-595-Sequenzen (anstelle von phosphoryliert *versus* unphosphoryliert) durchgeführt, wobei der Unterschied zum vorherigen Experiment lediglich darin bestand, dass nach der Inkubation mit unmarkiertem Zelllysat eine größere Zahl von Waschschritten zur stärkeren Abwaschung der gebundenen Proteine durchgeführt wurde. Dieses Experiment konnte zeigen, dass die Mehrheit der in Abschnitt 3.2.1 als phophorylierungsspezifisch bindenden Proteine identifiziert wurden, eine hohe Affinität zum phosphorylierten Peptid haben, da sie auch nach einer stringenten Waschprozedur am Peptidkonjugat verblieben. Einzig das Protoonkogen C-Crk zeigt eine geringere Affinität an phosphoryliertem ADAP-595. Man kann auch vermuten, dass dieses Protein lediglich indirekt mit ADAP assoziiert ist.

Letztendlich kann die verwendete Methode des kovalenten Peptid-*Pulldown*-Experiments unter Verwendung eines MS-basierten Quantifizierunsverfahrens nicht zwischen direkten Peptid-Protein-Wechselwirkungen und über indirekte Bindung in komplexen Proteinnetzwerken involvierte Proteine unterscheiden. Es können lediglich Vermutungen angestellt werden, dass Proteine wie CRKL, FER oder RASA1, die unterschiedlich mit den verschiedenen Peptidkonjugaten wechselwirkten, direkt phosphorylierungsvermittelt an die jeweilige Peptidsequenz gebunden haben. Trotzdem muss jeder potentielle Bindungspartner durch unabhängige Methoden bestätigt werden.

So kann etwa die phophorylierungsvermittelte Wechselwirkung zwischen NCK und den ADAP-Peptiden entweder auf eine direkte Wechselwirkung der SH2-Domäne von NCK mit der jeweiligen ADAP-Sequenz oder eine indirekte Bindung über das ADAP-bindende Protein SLP76 (Bubeck Wardenburg *et al.*, 1998; Wunderlich *et al.*, 1999) zurückzuführen sein. Jedoch deuten auf theoretischen Simulationen beruhende Bindungsvorhersagen mit Hilfe des SMALI-Algorithmus darauf hin, dass eine direkte Bindung zwischen der NCK-SH2-Domäne und der ADAP-595-Sequenz existiert. Auch zeigen Y2H-Experimente mit C-terminalem ADAP und NCK1/2 sowie Interaktionsstudien mit exprimiertem Protein die direkte (phosphorylierungsvermittelte) Wechselwirkung zwischen beiden Proteinen (Sylvester *et al.*, 2010). Zusätzlich bestätigen Untersuchungen anderer Arbeitsgruppen eine direkte Wechselwirkung zwischen ADAP und NCK (Lettau et al., 2010). Auch aus biologischer Sicht ergibt eine direkte Wechselwirkung zwischen ADAP und NCK1/2 Sinn. Bei einer Rekrutierung von ADAP zur Membran, durch die eine Assoziation des Aktinzytoskeletts mit dieser herbeigeführt werden kann, wäre direkt an ADAP bindendes NCK in der Lage, weitere Aktineffektoren wie z.b. das Protein N-WASP für Integrintransport und -aktivierung zu rekrutieren.

Wie schon vorhergehend ausgedrückt, besteht bei allen identifizierten potentiellen ADAP-Interaktionspartnern die Notwendigkeit, eine Evaluierung der Art der Wechselwirkung (direkt *versus* indirekt) und der Relevanz im biologischen Kontext durchzuführen. Dabei steht die Frage im Mittelpunkt, welche Prozesse durch die Bindung induziert bzw. inhibiert werden. Unabhängig davon kann jedoch festgestellt werden, dass sämtlichen postulierten Interaktionspartnern vielfältige Funktionen im TCR-Signalweg zugeschrieben werden (Burbach et al., 2007), was durch die erhaltenen Ergebnisse weiter bestärkt wird. Dieser Ansatz ist demnach prinzipiell für ein Screening nach Interaktionspartnern geeignet und somit eine weitere Möglichkeit, die Aufklärung von intra- und interzellulären Prozessen voranzutreiben.

4.3 Markierungsvergleich: SILAC *versus* ^{18}O

Im Vergleich zur SILAC-Methode, die sich seit ihrer Einführung (Ong et al., 2002) als „Goldstandard" für quantitative Untersuchungen in proteomischen Fragestellungen etablieren konnte (Orlando, 2010), entwickelte sich die enzymatische Markierungsmethode mit ^{18}O-Wasser wesentlich langsamer. Für eine Einschätzung der breiten Anwendbarkeit des ^{18}O-Verfahrens fehlen bisher verlässliche Daten, sodass ein Vergleich zwischen der ^{18}O- und der SILAC-Methode von komplexen *Pulldown*-Experimenten unerlässlich schien. Aus diesem Grund wurden in der vorliegenden Arbeit beide Quantifizierungsmethoden hinsichtlich ihrer Stabilität gegenüber Störungen, ihrer Sensitivität und ihres dynamischen Bereichs in *Pulldown*-Experimenten betrachtet.

Eine akkurate Quantifizierung mittels SILAC- oder ^{18}O-Methode wird bei beiden Methoden erst dadurch ermöglicht, dass die verwendeten stabilen Isotope zum gleichen Zeitpunkt in der LC-Aufreinigung eluieren (Koelution). Da der dynamische Bereich beider Methoden ähnliche Größenordnungen umfasst (Bantscheff et al., 2007b), ist

4 Diskussion

eine gute Vergleichbarkeit zwischen beiden Techniken gegeben. In allen Peptid-*Pulldown*-Experimenten wurden durchgängig mehr als 500 Proteine identifiziert und quantifiziert. Der größte Teil dieser Proteine wurde dabei sowohl im „normalen" als auch im inversen Experiment detektiert (Abbildung 3.14, B). Ähnlich den SILAC-Experimenten binden die meisten Proteine sowohl an das phosphorylierte als auch das korrespondierende unphosphorylierte Peptid mit ^{18}O-Verhältnissen von ~1. Nur eine kleine Anzahl der Proteine zeigt spezifisches, phosphorylierungsvermitteltes Bindungsverhalten mit daraus resultierenden Werten der ^{18}O-Verhältnisse von >5 (Abbildung 3.14, A). Aufgrund der Art der ^{18}O-Quantifizierung, die nur Sequenzierungsereignisse aus einer Gelbande einfließen lässt (im Gegensatz zur SILAC-Quantifizierung, die auch Informationen aus benachbarten Gelbanden verwendet), ist die Anzahl der quantifizierten Peptide je Protein relativ gering. Dadurch unterscheiden sich die ^{18}O-Proteinverhältnisse stärker von 1, sodass sich im Vergleich zum SILAC-Experiment (Abbildung 3.9) eine stärkere Streuung der Werte ergibt.

Außerdem zeigte sich, dass zwischen den *Pulldown*-Experimenten der einzelnen Peptidsequenzen größere Varianzen in der Anzahl der quantifizierten Proteine auftraten. In beiden ADAP-771-*Pulldown*-Experimenten wurden zusammen mehr als 1100 Proteine identifiziert und quantifiziert. Demgegenüber standen 600 bzw. 700 quantifizierte Proteine bei den Experimenten mit ADAP-595. Vermutlich sind diese Abweichungen (wie schon in Abschnitt 4.2 diskutiert) unabhängig von der Markierungsmethode aufgrund von geringfügigen Abweichungen in der Probenaufarbeitung zu erklären. So können Proteine, die auf der Basis von lediglich zwei Peptiden identifiziert und quantifiziert wurden, leicht durch eine erhöhte Effizienz in der Waschprozedur entfernt werden bzw. durch weniger optimale Messbedingungen verloren gehen. Auf phosphorylierungsspezifisch bindende Proteine sollte dies jedoch keinen signifikanten Einfluss haben. Sie werden aufgrund einer größeren Affinität einhergehend mit einer höheren Bindungsstärke zum Konjugat angereichert und folgendlich im Allgemeinen mit einer größeren Anzahl von Peptiden identifiziert.

Die im Vergleich zur SILAC-Quantifizierung reduzierte Gesamtanzahl der quantifizierten Proteine lässt sich auch anhand der unterschiedlichen Quantifizierungsalgorithmen, die für die SILAC- und ^{18}O-Quantifizierung verwendet wurden, erklären. MaxQuant führt zu einer wesentlich genaueren Quantifizierung von SILAC-markierten Peptidpaaren (Cox und Mann, 2008) als es der Mascot-Algorithmus für ^{18}O/^{16}O-Experimente bisher kann. Das ist darauf zurückzuführen, dass die Sensitivität der Detektion durch sich überschneidende Isotopenmuster aufgrund des geringen Mas-

4.3 Markierungsvergleich: SILAC versus 18O

senabstandes im ^{18}O-Verfahren reduziert ist. Deshalb kann es vor allem zu Verlusten von niedrig abundanten Proteinen mit einem ^{18}O/^{16}O-Verhältnis von ~1 kommen. Proteine mit einer sehr spezifischen phosphorylierungsvermittelten Bindung und daraus resultierenden stark von 1 abweichenden Verhältnissen sollten jedoch weniger betroffen sein. Die höhere Intensität der markierten Isotopenpeaks lässt eine bessere Identifizierung und daraus folgende Quantifizierung zu.

Trotz der geringeren Anzahl quantifizierter Proteine im ^{18}O-Ansatz im Vergleich zum SILAC-Ansatz konnten alle relevanten phosphorylierungsspezifisch bindenden Proteine auch mit dem enzymatischen ^{18}O-Markierungsverfahren detektiert werden. So wurden neun bzw. acht phosphorylierungsspezifisch interagierende Proteine mit ADAP-595 bzw. ADAP-771 identifiziert, was dieselben Proteine sind, die auch mit der SILAC-Methode bestimmt wurden. Auch konnte die kürzlich gefundene direkte Wechselwirkung zwischen phosphoryliertem ADAP und NCK (Lettau et al., 2010; Sylvester et al., 2010) durch die Quantifizierung mit dem ^{18}O-Verfahren bestätigt werden. Die schon mittels SILAC und nun mittels ^{18}O-*Pulldown*-Experiment bestätigte Identifizierung von RASA1 als phosphorylierungsspezifischer Bindungspartner von ADAP-595 bestärkt die Annahme, dass eine sequenzabhängige Rekrutierung von RASA1 zu ADAP stattfindet.

Neun der Proteine, die phosphorylierungsspezifisch an das Peptid ADAP-625 gebunden haben, konnten durch die Verwendung von beiden Quantifizierungsmethoden bestätigt werden. Zusätzlich dazu wurden jedoch vier bzw. zwei Proteine mit der ^{18}O- bzw. der SILAC-Methode als phosphorylierungsspezifische Bindungspartner identifiziert. Darunter ist auch die Fyn-Kinase, deren phosphorylierungsspezifische Bindung mit ADAP-625, obwohl in der Literatur beschrieben (da Silva et al., 1993), im SILAC-Ansatz wie dort diskutiert nicht bestätigt werden konnte (siehe Abschnitt 4.2). Demgegenüber wurde in zwei voneinander unabhängigen ^{18}O-Experimenten eine phosphorylierungsvermittelte Wechselwirkung der Fyn-Kinase mit Anreicherungsfaktoren von 11,3 und 9,0 eindeutig nachgewiesen. Dieser Unterschied könnte sowohl in den unterschiedlichen Quantifizierungsmethoden als auch in geringfügigen Unterschieden der allgemeinen Experimentdurchführung liegen. Hier wird vermutet, dass der bindungskompetente Zustand von Fyn in der SILAC-Zellkultur nicht in ausreichender Konzentration vorlag, jedoch offensichtlich in der für die ^{18}O-Methodik verwendeten Zellen kein Problem darstellte. Dies unterstreicht den großen Einfluss, den auch geringe Unterschiede in der Kultivierung haben können.

Einer der entscheidenden Unterschiede zum SILAC-Ansatz und eine potentiell große

4 Diskussion

Fehlerquelle der ^{18}O-Methode ist die späte Einführung der Markierung auf Peptidebene. Dadurch können bei der Anwendung von Proteintrennungen (hier verwendet: 1D-Gelelektrophorese) geringe Unterschiede in der Aufarbeitung zu Abweichungen im (detektierten) Quantifizierungswert führen. Umgehen lässt sich dieser Effekt jedoch, indem eine Trennung auf Proteinebene vermieden wird und stattdessen eine Trennung erst nach dem tryptischen Verdau mit Einbau der Isotopenmarkierung und anschließender Vereinigung der Proben auf Peptidebene durchgeführt wird. Auf diese Art und Weise konnten in bestehenden Varianten dieser Technik hohe Trennkapazitäten erreicht werden (Washburn *et al.*, 2001; Gilar *et al.*, 2005), was sie auch für einen Einsatz unter Verwendung der enzymatischen ^{18}O-Markierung prädestiniert.

Eine weitere mögliche Einschränkung der ^{18}O-Methode ergibt sich aus der Tatsache, dass keine sogenannte „Multiplex-Markierung" möglich ist, d.h. es können lediglich zwei Proben miteinander verglichen werden. Dies stellte jedoch in der vorliegenden Anwendung keine Einschränkung dar, da nur zwei unterschiedliche Zustände (phosphoryliert *versus* unphosphoryliert) verglichen werden sollten.

Positiv an der ^{18}O-Methode ist vor allem hervorzuheben, dass sie keinerlei zeitaufwendige, chemische Derivatisierungsmethoden mit hohen Überschüssen an reaktiven Modifizierungsreagenzien benötigt. Es ist eine einfache enzymatische Reaktion, die unter milden Reaktionsbedingungen ohne Nebenreaktionen abläuft. Somit kann eine vollständige Markierung der Peptide (abgesehen vom C-terminalen Peptid) bei einem funktionierenden Verdau angenommen werden.

Der sicherlich größte Vorteil der ^{18}O-Methode im Vergleich zum SILAC-Ansatz liegt jedoch darin, dass die Markierung an identischen Proben durchgeführt wird. Obwohl der Einbau von den für beide Methoden verwendeten verschieden schweren Isotopen keinen Unterschied in der Zellkultur bewirken sollte (eine Toxizität von D_2O wurde jedoch nachgewiesen), ist trotzdem ein geringfügig langsameres Wachstum von „schwer"-markierter SILAC-Kultur festzustellen. Daher lässt sich vermuten, dass sich auch kleinere Unterschiede auf Proteinebene manifestieren können. Solche Unterschiede können bei Verwendung der ^{18}O-Methode ausgeschlossen werden, da das Ausgangsmaterial identisch ist. Obendrein zeichnet sich die ^{18}O-Methode durch eine hohe Variabilität in der Wahl des Ausgangsmaterials in Form von Zellen, Gewebe etc. aus.

Zusammenfassend kann man sagen, dass sowohl die SILAC- als auch die ^{18}O-Methode mit den beschriebenen Vor- und Nachteilen dazu geeignet ist, eine quantitative Bestimmung von spezifisch bindenden Proteinen durchzuführen, auch wenn die Detektion neben großen Mengen von unspezifisch bindenden Proteinen erschwert wird. Mit beiden Methoden können sowohl direkte Interaktionspartner als auch indirekt bindende Proteine bestimmt werden. Obwohl eine Zuordnung zwischen direkt und indirekt bindenden Proteinen nicht unbedingt möglich ist, kann eine Variation der Waschschritte bei einer Differenzierung helfen. Dadurch können zum Teil auch indirekt interagierende Proteine bestimmt werden, die mit anderen Methoden schwer zu detektieren sind. Dies ist hilfreich für ein breites Verständnis der biologischen Abläufe und zur Abbildung von Interaktionsnetzwerken.

Ein Hauptvorteil der MS-basierten Untersuchung von Protein-Protein-Wechselwirkungen liegt in der hohen Empfindlichkeit der Massenspektrometrie und in der Möglichkeit auch komplexe, unbekannte Proteingemische untersuchen zu können.

4.4 Phosphotyrosinanaloga

Die Proteinphosphorylierung, die als eine der wichtigsten posttranslationalen Modifizierungen (PTM) gilt (Walsh *et al.*, 2005, vgl. dazu Abschnitt 1.1.1), wurde im angewendeten Peptid-*Pulldown*-Ansatz durch zwei phosphorylierungsäquivalente chemische Strukturen, Phosphonomethylen-L-phenylalanin (Phosphonat) und Phosphoramidat, ersetzt. Dabei kennzeichnet das Phosphonat der Austausch des labilen Esters zu einer chemisch stabilen Kohlenstoff-Phosphor-Bindung. Es kann in den *Pulldown*-Experimenten auf gleiche Art und Weise eingesetzt werden wie das natürliche phosphorylierte Peptid, ist jedoch nicht hydrolysierbar und damit resistent gegenüber Abspaltungsprozessen durch Phosphatasen.

Das Phosphoramidat entsteht demgegenüber aus einem Austausch des Esters zu einem Amidat, wodurch sich eine Möglichkeit der selektiven Einführung von phosphoanalogen Strukturen in Proteine ergibt. Im Gegensatz zum Phosphonat ist dieses Konjugat jedoch nicht stabil, wobei eine Stabilisierung jedoch durch die Maskierung des Reagenz' mit zwei photolabilen Nitrobenzylgruppen erreicht werden kann. Damit ergibt sich auch die Möglichkeit, die Funktion der Phosphorylierung zu einem bestimmten Zeitpunkt freizusetzen, indem das maskierte Reagenz mit Licht der Wellenlänge >325 nm bestrahlt wird. Es erfolgt dann eine milde, lichtinduzierte Verseifung des 2-Nitrobenzylphosphoramidatesters zum aktivierten Phosphoramidat. Die Evaluierung des trägergebundenen Phosphonats erfolgte mit dem in Abschnitt

4 Diskussion

3.1 festgelegten Protokoll. Kovalent an Agarose gebundenes ADAP-595-Phosphonat-Peptid wurde mit einer Fyn/BSA-Lösung inkubiert und die Menge des gebundenen Proteins detektiert (Abbildung 3.16). Als Positiv- ($^+$) und Negativkontrolle ($^-$) fungierte an Agarose gebundenes phosphoryliertes bzw. unphosphoryliertes Peptid. Die spezifische Bindung der Fyn-Domäne am Phosphonat-Konjugat konnte eindeutig gezeigt werden, wobei im direkten Vergleich zum phosphorylierten Peptid eine geringere Menge Protein gebunden wurde.

Die Betrachtung der Eigenschaften des Phosphoramidat-Konjugats gestaltete sich aufgrund der Instabilität der modifizierten Aminosäure aufwendiger. Im ersten Teil des Prozesses wurde geschütztes Phosphopeptid eingesetzt, um Abweichungen aufgrund der Instabilität des freien Phosphoramidats zu vermeiden. Die Einstrahlung mit Licht zum Entschützen des maskierten Reagenzes zeigte, dass schon nach Dauer von 15 min eine ähnliche Menge der Fyn-Domäne an das entschützte Peptidkonjugat gebunden hatte wie an das phosphorylierte Peptidkonjugat ohne Behandlung (Abbildung 3.17). Da sich diese Bindung auch bei längerer Einstrahlzeit nicht (detektierbar) erhöhte, wurde eine maximale Einstrahlzeit von 15 min für die weiteren Betrachtungen festgelegt.

Die nächsten Experimente sollten darüber Auskunft geben, ob das eingesetzte Phosphoramidatkonjugat über den gesamten Inkubationszeitraum mit der Proteinlösung stabil ist. Eine Kombination aus verschiedenen Einstrahlzeiten und Inkubationszeiten konnte zeigen, dass die Bindung der Fyn-Kinase an das entschützte Phosphoramidat dadurch nur marginal beeinflusst wird. Bei einer Einstrahlzeit von 15 min und einer Inkubationszeit von 60 min scheint die Fyn-Domäne jedoch geringfügig stärker an das Konjugat zu binden, was zeigt, dass im Zeitfenster des *Pulldown*-Experiments nicht mit Limitierungen durch die geringe Stabilität des Phosphoramidats zu rechnen ist. Somit wurden diese Bedingungen (Einstrahlung: 15 min, Inkubation: 60 min) auf die weiteren *Pulldown*-Experimente übertragen.

Die Ergebnisse zeigen, dass beide phosphorylierungsanalogen Strukturen in ähnlichem Maße mit der Fyn-Domäne wie das phosphorylierte Peptid interagierten. Genauere Differenzierungen, inwieweit kleinere Abweichungen im Bindungsverhalten relevant für die Bindung von phosphorylierungsspezifisch bindenden Proteinen sind, wurden in nachfolgenden *Pulldown*-Experimenten abgeklärt.

Dazu wurde jedes Peptidkonjugat im Vergleich mit unphosphoryliertem Peptid unter Anwendung der schon diskutierten Überkreuz-Strategie in einem SILAC-Experiment eingesetzt (Abbildung 3.6). In beiden Ansätzen zeigen die meisten Proteine ein Ver-

4.4 Phosphotyrosinanaloga

hältnis von ca. 1 (Abbildung 3.19, A), was darauf schließen lässt, dass die Mehrzahl der Proteine unspezifisch und unabhängig von der Modifizierung im Peptid gebunden hat. Am Phosphonat zeigten analog zu den SILAC-Experimenten aus Abschnitt 3.2 nur wenige Proteine ein Verhältnis >5. Dahingegen ist die Streuung der SILAC-Verhältnisse am Phosphoramidat wesentlich breiter, was zu einer erhöhten Anzahl von Proteinen mit einem SILAC-Verhältnis >5 führt. Dies lässt darauf schließen, dass im Gegensatz zum Phosphopeptid oder phosphonatmodifizierten Peptid wesentlich mehr Proteine phosphoramidatspezifisch gebunden haben. Die Gesamtanzahl der quantifizierten Proteine aus beiden parallelen Experimenten („normal" und invers) von Phosphonat- bzw. Phosphoramidat-Peptid ist vergleichbar, wobei die Mehrheit der Proteine in beiden korrespondierenden Überkreuzexperimenten detektiert wurde (Abbildung 3.19, B).

Die phosphorylierungsvermittelt bindenden Proteine, die in Abschnitt 3.2.1 identifiziert wurden, sind zusammen mit den korrespondierenden Quantifizierungsverhältnissen aus dem Phosphonat- und Phosphoramidat-Experiment in Tabelle 3.7 aufgelistet. Acht Proteine interagierten modifizierungsvermittelt mit dem Phosphonat-Konjugat, von denen vier Proteine auch in den vorhergehenden Interaktionsexperimenten als phosphorylierungsspezifisch bindende Proteine identifiziert wurden. Die Proteine CRK und FER konnten in keinem Experiment mit hohen SILAC-Verhältnissen bestimmt werden, wogegen die Proteine PLCγ1 und PIK3R1 jeweils in nur einem der Überkreuzexperimente phosphonatspezifisch bindend detektiert wurden. Da das Phosphonat-Agarosekonjugat nur mit etwa der Hälfte der phosphorylierungsspezifisch bindenden Proteine selbst interagierte und zusätzlich noch vier weitere Proteine phosphonatspezifisch rekrutierte, wird deutlich, dass die chemischen Eigenschaften nicht vollständig denen einer Phosphorylierung entsprechen. Durch Austausch des Sauerstoffatoms zur Methylengruppe ändern sich die Eigenschaften der Modifizierung. Durch den fehlenden Sauerstoff am Phosphoratom wird die Säurestärke am Phosphonat gesenkt (Lu et al., 2003; Schwarzer und Cole, 2005). Dadurch ist es wahrscheinlich, dass das Phosphonat bei einem pH-Wert von ca. 7 nicht vollständig deprotoniert ist. So sorgt die nur teilweise Deprotonierung des Phosphonats dafür, dass zwei verschiedene Spezies (vollständig und einfach deprotoniert) ausgebildet werden, die aufgrund von Unterschieden in Ladung und Polarität verschiedene Bindungseigenschaften aufweisen. Vor allem sollten sich die Bindungseigenschaften mit der Bindungstasche eines interagierenden Proteins geringfügig verändern, da unter Umständen weniger Wasserstoffbrückenbindungen ausgebildet werden können.

4 Diskussion

Dennoch zeigt das Phosphonat ähnliche Eigenschaften wie die Proteinphosphorylierung und weist ein vergleichbares Bindungsverhalten auf. Ein weiterer Vorteil ist die chemische Stabilität der Verbindung, die jederzeit eine exakte Konzentrations- und Langzeitstabilitätsbestimmung der Verbindung erlaubt sowie gute Reproduzierbarkeit auch unter dem Einfluss der PTM in Gegenwart von Phosphatasen gewährleistet. Für einen konsequenten Einsatz als Mimetikum sollten die Bindungsparameter im Vergleich zur Phosphorylierung genauer charakterisiert werden, als es mit einem Ansatz in Form von *Pulldown*-Experimenten möglich ist. Dazu würden sich ITC- oder NMR-Titrationsexperimente anbieten.

Unter Verwendung des Phosphoramidats interagierten in zwei unabhängigen Experimenten sechs der neun phosphorylierungsspezifisch bindenden Proteine ebenfalls phosphoramidatspezifisch (Tabelle 3.7). Einzig die Proteine CRK, PIK3R1 und FER konnten im Gegensatz zur Phosphorylierung nicht als phosporamidatspezifisch bindend identifiziert werden. Die Ergebnisse weisen darauf hin, dass das Phosphoramidat ein besseres Phosphorylierungsmimetikum als das Phosphonat darstellt, da hier eine größere Übereinstimmung mit dem phosphorylierten Konjugat auftrat. Betrachtet man jedoch die Anzahl der weiteren phosphoramidatspezifisch gebundenen Proteine, wird deutlich, dass mehr als 80 weitere Proteine ebenfalls an das Phosphoramidat-Konjugat gebunden haben. Denkbar ist, dass eine unvollständige Abspaltung der Nitrobenzylgruppen sowohl zur Rekrutierung von weiteren spezifisch bindenden Proteinen führt (falsch-Positive), als auch zur Störung der Bindung von eigentlich phosphoramidatspezifisch bindenden Proteinen (falsch-Negative). Deshalb sollte ein Experiment durchgeführt werden, dass die spezifisch bindenden Proteine an das geschützte Phosphoramidat (ohne Entschützung) identifiziert. Diese falsch-positiven Proteine könnten somit aus den Ergebnissen der eigentlichen Bindungsstudien ausgeschlossen werden, hätten jedoch keinen Einfluss darauf, welche Proteine nicht gebunden haben (falsch-Negative).

Natürlich kann man außerdem vermuten, dass am Stickstoffanalogon im Vergleich zum Ester, wie am Kohlenstoffanalogon auch, Änderungen in den chemischen Eigenschaften auftreten. Eine Bestimmung des pks-Wertes der Modifizierung ist jedoch aufgrund der Instabilität der Gruppe schwer möglich. Aufgrund der Elektronegativität der NH-Gruppe ergibt sich die Vermutung, dass der pks-Wert des Phosphoramidats größer als der Wert der nativen Phosphorylierung, jedoch kleiner als der des Phosphonats ist. Da am Stickstoff außerdem, ähnlich wie am Sauerstoff, zumindest ein freies Elektronenpaar vorhanden ist, sollten auch aufgrund der elektronischen Eigen-

schaften im Verhältnis geringere Abweichungen auftreten. Das lässt vermuten, dass das Phosphoramidat der natürlichen Phosphorylierung in seinen Bindungseigenschaften ähnlicher ist als das Phosphonat.
Wie schon für das Phosphonat-Konjugat vorgeschlagen, ist auch am Phosphoramidat eine weitere Charakterisierung der Bindungseigenschaften (z.b. mit ITC oder NMR) von Nöten. Dabei sollte sowohl der Vergleich zum phosphorylierten Peptid, als auch zum geschützten/entschützten phosphorylierten Peptid gezogen werden. Trotz dieser Einschränkungen zeigen sich sehr attraktive Anwendungsfelder für diese Modifizierung. Vor allem besteht mittels der unnatürlichen Aminosäure p-Azido-L-phenylalanin und eines orthogonalen Aminoacyl-tRNA-Synthetase/tRNA-Paares, welches das Amber-Stopp-Codon UAG erkennt (Chin *et al.*, 2002), die Möglichkeit, eine reaktive Stickstoffgruppe *in vivo* einzuführen. Die ortsspezifische Umwandlung unter Verwendung einer Staudinger-Phosphitreaktion führt zur selektiven Einführung eines geschützten Phosphoramidats (Serwa *et al.*, 2010). Die phosphorylierungsanaloge Struktur liegt dabei zunächst maskiert vor, wodurch sie *in vivo* „unsichtbar" bleibt. Erst durch eine milde, lichtinduzierte Verseifung des 2-Nitrobenzylphosphoramidatesters erhält man das aktivierte Phosphoramidat, wodurch sich Möglichkeiten ergeben, z.B. kinetische Prozesse zu beobachten oder spezifisch bindende Proteine zu verschiedenen Zeitpunkten nach der Freisetzung quantitativ zu untersuchen.

4.5 Zusammenfassung und Ausblick

Viele Protein-Protein-Wechselwirkungen, die bedeutend in Signaltransduktionsprozessen sind, werden über Wechselwirkungen mit kurzen Peptidsequenzen vermittelt. Dazu gehören Wechselwirkungen zwischen verschiedenen Proteindomänen wie z.B. WW-, PDZ-, SH2-, SH3-, PTB- und 14-3-3-Domänen und spezifischen Peptidsequenzen. Alternativ können an bestimmten Positionen posttranslational modifizierte Proteinsequenzen die Bindung induzieren. So werden z.B. über Proteinphosphorylierungen wichtige zelluläre Signalwege reguliert. Dabei ist es entscheidend, dass die Phosphorylierung von Proteinen ein reversibler Prozess ist, wodurch katalytische Aktivitäten von z.B. Kinasen sehr genau geregelt werden können.
In der vorliegenden Arbeit wurde eine Methode entwickelt, die kovalent an Agaroseträger verknüpfte Peptide dazu verwendet, um phosphorylierungsvermittelte Interaktionspartner des Adapterproteins ADAP zu ermitteln. Unter Zuhilfenahme von meta-

4 Diskussion

bolischen und enzymatischen Markierungsverfahren (SILAC- und ^{18}O-Markierung) wurden phosphorylierungsspezifische Bindungspartner von drei verschiedenen Tyr-Phosphorylierungsstellen von ADAP bestimmt.

Im ersten Teil der Arbeit wurden methodische Untersuchungen durchgeführt, die sich mit der Fragestellung beschäftigten, welches Trägermaterial und welche experimentellen Bedingungen geeignet sind, um Peptid-Protein-Wechselwirkungen mit Affinitäten im mikro- bis nanomolaren Bereich zu untersuchen. Agarose stellte sich vor allem wegen der hervorragenden Bindungskapazität als für die folgenden Untersuchungen am besten geeignet heraus. Auch mit Cellulose konnten sehr gute Ergebnisse vor allem durch eine sehr geringe Wechselwirkung mit unspezifisch bindenden Proteinen erzielt werden. Allerdings limitierte die nur geringe Bindungskapazität des Peptid-Cellulosekonjugats die Möglichkeiten beim Einsatz in *Pulldown*-Experimenten. Weitere getestete Trägermaterialien (SRAM-Syntheseharz und modifiziertes TiO_2), stellten sich für diese Zwecke als ungeeignet heraus.

Im zweiten Teil der Arbeit wurden phosphorylierungsspezifische Bindungspartner des T-Zelladapterproteins ADAP bestimmt, wofür drei Tyr-Motive, welche die Tyrosine 595, 625 sowie 771 der ADAP-Sequenz abdeckten, verwendet wurden. Dabei konnten sowohl sequenzspezifische Bindungspartner als auch Interaktionspartner, die an jeder der drei Sequenzen in ähnlichem Maße wechselwirkten, bestimmt werden. Darunter sind das identifizierte Protein NCK, welches als direkt wechselwirkendes Protein von ADAP bestätigt werden konnte oder das Protein RASA1, welches ein potentiell neuer Interaktionspartner ist. Alle identifizierten Bindungspartner sind SH2-Domänenproteine und bekannte Adapterproteine oder Kinasen im T-Zellrezeptor-proximalen Komplex, was die Relevanz der detektierten Wechselwirkungen für die adaptive Immunantwort unterstreicht. In auf diesen Studien aufbauenden Untersuchungen könnte genauer bestimmt werden, welchen Einfluss ein gewisses Muster von mehreren Phosphorylierungsstellen auf die Wechselwirkung einzelner Bindungspartner hat. Da jedoch die untersuchten Tyr-Motive teilweise in sehr großem Abstand im Protein voneinander liegen, ist dies mit herkömmlicher Peptidsynthese nicht zu leisten. Die Verwendung von alternativen Strategien wie enzymatischen oder chemischen Ligationsmethoden kann hierfür attraktiv werden, da auf diese Art und Weise sehr gut definierte, modifizierte Proteindomänen hergestellt werden können.

Anschließend wurde die Bestimmung der phosphorylierungsvermittelten Wechselwirkungen unter Zuhilfenahme des enzymatischen Markierungsverfahrens mittels ^{18}O-Wasser bestätigt und beide Quantifizierungsmethoden miteinander verglichen. Beide

4.5 Zusammenfassung und Ausblick

Methoden produzierten im Allgemeinen gut vergleichbare Ergebnisse. Für eine weitere Verbesserung der Quantifizierungsgenauigkeit der ^{18}O-Methode wurde bereits damit begonnen, eine 2D-Trennung basierend auf zwei LC-Schritten zu etablieren (Daten nicht gezeigt). Dieser sehr vielversprechende Ansatz sollte weiter evaluiert werden, da er eine Trennung auf Peptidebene mit einer hohen Peakkapazität ermöglicht, und die fehlerbehaftete Trennung auf Proteinebene ersetzen kann.

Abschließend wurden Bindungspartner von phosphoanalogen Strukturen des ADAP-595-Peptids bestimmt. Dafür wurden zwei verschiedene Strukturen benutzt: das stabile Phosphonomethylen-L-phenylalanin (Phosphonat) und das instabile Phosphoramidat, das über Schutzgruppen maskiert (und damit stabilisiert) ist und seine Funktion erst unter Lichteinwirkung freisetzt. Phosphonate stellen dabei stabile Analoga zur natürlichen Phosphorylierung dar, die auch in Gegenwart von Phosphataseaktivität beständig sind. Phosphoramidat ist eine phosphoanaloge Struktur, die sich selektiv in Proteine einführen lässt. Durch eine gezielte Freisetzung der phosphoanalogen Funktion zu definierten Zeitpunkten lassen sich beispielsweise zeitabhängige Reaktionen *in vivo* studieren. Unter Verwendung der Peptid-*Pulldown*-Strategie zeigte sich, dass beide Konjugate zum Teil sehr ähnliche Proteine wie die Phosphorylierung gebunden haben, jedoch eine genauere Untersuchung der Bindungsparameter für einen weiteren Einsatz unabdingbar ist. Auch die optimale Wahl der Experimentbedingungen wie z.B. des pH-Wertes der Reaktion sollte genau betrachtet werden.

Zusammenfassend kann man sagen, dass die im Rahmen der Arbeit gesetzten Ziele erreicht wurden. Die Entwicklung eines methodischen Ansatzes unter Verwendung von quantitativen MS-Methoden führte zur Identifizierung zahlreicher spezifisch bindender Proteine an das Adapterprotein ADAP, die unter Verwendung von zwei quantitativen Ansätzen größtenteils bestätigt werden konnten. Wie oben schon ausgeführt, gibt es jedoch weitere Möglichkeiten bezüglich der Evaluierung der Matrices, Trennmethoden oder der Bindungsparameter von phosphoanalogen Strukturen, die sich in zukünftigen Projekten niederschlagen werden.

4 Diskussion

Literatur

Aebersold R, Mann M. Mass spectrometry-based proteomics. *Nature* **2003**; 422 (6928): 198-207.

Ahrends R, Pieper S, Kuhn A, Weisshoff H, Hamester M, Lindemann T, Scheler C, Lehmann K, Taubner K, Linscheid MW. A metal-coded affinity tag approach to quantitative proteomics. *Mol Cell Proteomics* **2007**; 6 (11): 1907-1916.

Allan BB, Moyer BD, Balch WE. Rab1 recruitment of p115 into a cis-SNARE complex: programming budding COPII vesicles for fusion. *Science* **2000**; 289 (5478): 444-448.

Alonso A, Sasin J, Bottini N, Friedberg I, Osterman A, Godzik A, Hunter T, Dixon J, Mustelin T. Protein tyrosine phosphatases in the human genome. *Cell* **2004**; 117 (6): 699-711.

Anderson NL, Anderson NG. Proteome and proteomics: new technologies, new concepts, and new words. *Electrophoresis* **1998**; 19 (11): 1853-1861.

Ashwell JD, Klausner RD. Genetic and mutational analysis of the T-cell antigen receptor. *Annu Rev Immunol* **1990**; 8: 139-167.

Bachi A, Simo C, Restuccia U, Guerrier L, Fortis F, Boschetti E, Masseroli M, Righetti PG. Performance of combinatorial peptide libraries in capturing the low-abundance proteome of red blood cells. 2. Behavior of resins containing individual amino acids. *Anal Chem* **2008**; 80 (10): 3557-3565.

Bantscheff M, Eberhard D, Abraham Y, Bastuck S, Boesche M, Hobson S, Mathieson T, Perrin J, Raida M, Rau C, Reader V, Sweetman G, Bauer A, Bouwmeester T, Hopf C, Kruse U, Neubauer G, Ramsden N, Rick J, Küster B, Drewes G. Quantitative chemical proteomics reveals mechanisms of action of clinical ABL kinase inhibitors. *Nat Biotech* **2007a**; 25 (9): 1035-1044.

Literatur

Bantscheff M, Schirle M, Sweetman G, Rick J, Küster B. Quantitative mass spectrometry in proteomics: a critical review. *Anal Bioanal Chem* **2007b**; 389 (4): 1017-1031.

Bauer A, Küster B. Affinity purification-mass spectrometry. Powerful tools for the characterization of protein complexes. *Eur J Biochem* **2003**; 270 (4): 570-578.

Bellew M, Coram M, Fitzgibbon M, Igra M, Randolph T, Wang P, May D, Eng J, Fang R, Lin C, Chen J, Goodlett D, Whiteaker J, Paulovich A, McIntosh M. A suite of algorithms for the comprehensive analysis of complex protein mixtures using high-resolution LC-MS. *Bioinformatics* **2006**; 22 (15): 1902-1909.

Berg JM, Tymoczko JL, Stryer L. Biochemie. *Spektrum Akademischer Verlag GmbH Heidelberg Berlin* **2003**; 5. Auflage.

Berggard T, Linse S, James P. Methods for the detection and analysis of protein-protein interactions. *Proteomics* **2007**; 7 (16): 2833-2842.

Bezman N, Koretzky GA. Compartmentalization of ITAM and integrin signaling by adapter molecules. *Immunol Rev* **2007**; 218: 9-28.

Blagoev B, Kratchmarova I, Ong SE, Nielsen M, Foster LJ, Mann M. A proteomics strategy to elucidate functional protein-protein interactions applied to EGF signaling. *Nat Biotechnol* **2003**; 21 (3): 315-318.

Boerth NJ, Judd BA, Koretzky GA. Functional association between SLAP-130 and SLP-76 in Jurkat T cells. *J Biol Chem* **2000**; 275 (7): 5143-5152.

Boschetti E, Righetti PG. The art of observing rare protein species in proteomes with peptide ligand libraries. *Proteomics* **2009**; 9 (6): 1492-1510.

Brannetti B, Via A, Cestra G, Cesareni G, Helmer-Citterich M. SH3-SPOT: an algorithm to predict preferred ligands to different members of the SH3 gene family. *J Mol Biol* **2000**; 298 (2): 313-328.

Bubeck Wardenburg J, Pappu R, Bu JY, Mayer B, Chernoff J, Straus D, Chan AC. Regulation of PAK activation and the T cell cytoskeleton by the linker protein SLP-76. *Immunity* **1998**; 9 (5): 607-616.

Burbach BJ, Medeiros RB, Mueller KL, Shimizu Y. T-cell receptor signaling to integrins. *Immunol Rev* **2007**; 218: 65-81.

Burckstummer T, Bennett KL, Preradovic A, Schutze G, Hantschel O, Superti-Furga G, Bauch A. An efficient tandem affinity purification procedure for interaction proteomics in mammalian cells. *Nat Methods* **2006**; 3 (12): 1013-1019.

Butter F, Scheibe M, Morl M, Mann M. Unbiased RNA-protein interaction screen by quantitative proteomics. *Proc Natl Acad Sci U S A* **2009**; 106 (26): 10626-10631.

Ceol A, Chatr Aryamontri A, Licata L, Peluso D, Briganti L, Perfetto L, Castagnoli L, Cesareni G. MINT, the molecular interaction database: 2009 update. *Nucleic Acids Res* **2010**; 38 (Database issue): D532-539.

Chang WC, Huang LCL, Wang Y-S, Peng W-P, Chang HC, Hsu NY, Yang WB, Chen CH. Matrix-assisted laser desorption/ionization (MALDI) mechanism revisited. *Analytica Chimica Acta* **2007**; 582 (1): 1-9.

Chen X, Tan PH, Zhang Y, Pei D. On-bead screening of combinatorial libraries: reduction of nonspecific binding by decreasing surface ligand density. *J Comb Chem* **2009**; 11 (4): 604-611.

Chernushevich IV, Loboda AV, Thomson BA. An introduction to quadrupole-time-of-flight mass spectrometry. *J Mass Spectrom* **2001**; 36 (8): 849-865.

Chin JW, Santoro SW, Martin AB, King DS, Wang L, Schultz PG. Addition of p-azido-L-phenylalanine to the genetic code of Escherichia coli. *J Am Chem Soc* **2002**; 124 (31): 9026-9027.

Christofk HR, Vander Heiden MG, Wu N, Asara JM, Cantley LC. Pyruvate kinase M2 is a phosphotyrosine-binding protein. *Nature* **2008**; 452 (7184): 181-186.

Claypool SM, Dickinson BL, Yoshida M, Lencer WI, Blumberg RS. Functional reconstitution of human FcRn in Madin-Darby canine kidney cells requires co-expressed human beta 2-microglobulin. *J Biol Chem* **2002**; 277 (31): 28038-28050.

Cohen P. The regulation of protein function by multisite phosphorylation--a 25 year update. *Trends Biochem Sci* **2000**; 25 (12): 596-601.

Cohen P. The origins of protein phosphorylation. *Nat Cell Biol* **2002**; 4 (5): E127-130.

Connor PA, McQuillan AJ. Phosphate adsorption onto TiO2 from aqueous solutions: An in situ internal reflection infrared spectroscopic study. *Langmuir* **1999**; 15 (8): 2916-2921.

Corthals GL, Wasinger VC, Hochstrasser DF, Sanchez JC. The dynamic range of protein expression: a challenge for proteomic research. *Electrophoresis* **2000**; 21 (6): 1104-1115.

Cox J, Mann M. MaxQuant enables high peptide identification rates, individualized p.p.b.-range mass accuracies and proteome-wide protein quantification. *Nat Biotechnol* **2008**; 26 (12): 1367-1372.

Cox J, Matic I, Hilger M, Nagaraj N, Selbach M, Olsen JV, Mann M. A practical guide to the MaxQuant computational platform for SILAC-based quantitative proteomics. *Nat Protoc* **2009**; 4 (5): 698-705.

Cusick ME, Yu H, Smolyar A, Venkatesan K, Carvunis AR, Simonis N, Rual JF, Borick H, Braun P, Dreze M, Vandenhaute J, Galli M, Yazaki J, Hill DE, Ecker JR,

Literatur

Roth FP, Vidal M. Literature-curated protein interaction datasets. *Nat Methods* **2009**; 6 (1): 39-46.

da Silva AJ, Janssen O, Rudd CE. T cell receptor zeta/CD3-p59fyn(T)-associated p120/130 binds to the SH2 domain of p59fyn(T). *J Exp Med* **1993**; 178 (6): 2107-2113.

da Silva AJ, Li Z, de Vera C, Canto E, Findell P, Rudd CE. Cloning of a novel T-cell protein FYB that binds FYN and SH2-domain-containing leukocyte protein 76 and modulates interleukin 2 production. *Proc Natl Acad Sci U S A* **1997**; 94 (14): 7493-7498.

Deane CM, Salwinski L, Xenarios I, Eisenberg D. Protein interactions: two methods for assessment of the reliability of high throughput observations. *Mol Cell Proteomics* **2002**; 1 (5): 349-356.

Desiderio DM, Kai M. Preparation of stable isotope-incorporated peptide internal standards for field desorption mass spectrometry quantification of peptides in biologic tissue. *Biomed Mass Spectrom* **1983**; 10 (8): 471-479.

Diella F, Haslam N, Chica C, Budd A, Michael S, Brown NP, Trave G, Gibson TJ. Understanding eukaryotic linear motifs and their role in cell signaling and regulation. *Front Biosci* **2008**; 13: 6580-6603.

Durocher D, Taylor IA, Sarbassova D, Haire LF, Westcott SL, Jackson SP, Smerdon SJ, Yaffe MB. The molecular basis of FHA domain:phosphopeptide binding specificity and implications for phospho-dependent signaling mechanisms. *Mol Cell* **2000**; 6 (5): 1169-1182.

Dustin ML, Springer TA. T-cell receptor cross-linking transiently stimulates adhesiveness through LFA-1. *Nature* **1989**; 341 (6243): 619-624.

Dyson HJ, Wright PE. Intrinsically unstructured proteins and their functions. *Nat Rev Mol Cell Biol* **2005**; 6 (3): 197-208.

Eichler J. Peptides as protein binding site mimetics. *Curr Opin Chem Biol* **2008**; 12 (6): 707-713.

Fenn JB, Mann M, Meng CK, Wong SF, Whitehouse CM. Electrospray ionization for mass spectrometry of large biomolecules. *Science* **1989**; 246 (4926): 64-71.

Fenselau C, Yao X. 18O2-labeling in quantitative proteomic strategies: a status report. *J Proteome Res* **2009**; 8 (5): 2140-2143.

Ferraro E, Via A, Ausiello G, Helmer-Citterich M. A novel structure-based encoding for machine-learning applied to the inference of SH3 domain specificity. *Bioinformatics* **2006**; 22 (19): 2333-2339.

Fields GB, Noble RL. Solid phase peptide synthesis utilizing 9-fluorenylmethoxycarbonyl amino acids. *Int J Pept Protein Res* **1990**; 35 (3): 161-214.

Fields S, Song O. A novel genetic system to detect protein-protein interactions. *Nature* **1989**; 340 (6230): 245-246.

Franck J, Arafah K, Elayed M, Bonnel D, Vergara D, Jacquet A, Vinatier D, Wisztorski M, Day R, Fournier I, Salzet M. MALDI imaging mass spectrometry: state of the art technology in clinical proteomics. *Mol Cell Proteomics* **2009**; 8 (9): 2023-2033.

Freund C, Kuhne R, Yang H, Park S, Reinherz EL, Wagner G. Dynamic interaction of CD2 with the GYF and the SH3 domain of compartmentalized effector molecules. *EMBO J* **2002**; 21 (22): 5985-5995.

Gavin AC, Bosche M, Krause R, Grandi P, Marzioch M, Bauer A, Schultz J, Rick JM, Michon AM, Cruciat CM, Remor M, Hofert C, Schelder M, Brajenovic M, Ruffner H, Merino A, Klein K, Hudak M, Dickson D, Rudi T, Gnau V, Bauch A, Bastuck S, Huhse B, Leutwein C, Heurtier MA, Copley RR, Edelmann A, Querfurth E, Rybin V, Drewes G, Raida M, Bouwmeester T, Bork P, Seraphin B, Küster B, Neubauer G, Superti-Furga G. Functional organization of the yeast proteome by systematic analysis of protein complexes. *Nature* **2002**; 415 (6868): 141-147.

Geng L, Raab M, Rudd CE. Cutting edge: SLP-76 cooperativity with FYB/FYN-T in the Up-regulation of TCR-driven IL-2 transcription requires SLP-76 binding to FYB at Tyr595 and Tyr651. *J Immunol* **1999**; 163 (11): 5753-5757.

Gerber D, Maerkl SJ, Quake SR. An in vitro microfluidic approach to generating protein-interaction networks. *Nat Methods* **2009**; 6 (1): 71-74.

Gerber SA, Rush J, Stemman O, Kirschner MW, Gygi SP. Absolute quantification of proteins and phosphoproteins from cell lysates by tandem MS. *Proceedings of the National Academy of Sciences of the United States of America* **2003**; 100 (12): 6940-6945.

Gilar M, Olivova P, Daly AE, Gebler JC. Two-dimensional separation of peptides using RP-RP-HPLC system with different pH in first and second separation dimensions. *J Sep Sci* **2005**; 28 (14): 1694-1703.

Gingras AC, Aebersold R, Raught B. Advances in protein complex analysis using mass spectrometry. *J Physiol* **2005**; 563 (Pt 1): 11-21.

Gingras AC, Gstaiger M, Raught B, Aebersold R. Analysis of protein complexes using mass spectrometry. *Nat Rev Mol Cell Biol* **2007**; 8 (8): 645-654.

Gobom J, Schuerenberg M, Mueller M, Theiss D, Lehrach H, Nordhoff E. Alpha-cyano-4-hydroxycinnamic acid affinity sample preparation. A protocol for MALDI-MS peptide analysis in proteomics. *Anal Chem* **2001**; 73 (3): 434-438.

Literatur

Gorg A, Weiss W, Dunn MJ. Current two-dimensional electrophoresis technology for proteomics. *Proteomics* **2004**; 4 (12): 3665-3685.

Griffiths EK, Krawczyk C, Kong YY, Raab M, Hyduk SJ, Bouchard D, Chan VS, Kozieradzki I, Oliveira-Dos-Santos AJ, Wakeham A, Ohashi PS, Cybulsky MI, Rudd CE, Penninger JM. Positive regulation of T cell activation and integrin adhesion by the adapter Fyb/Slap. *Science* **2001**; 293 (5538): 2260-2263.

Gropengiesser J, Varadarajan BT, Stephanowitz H, Krause E. The relative influence of phosphorylation and methylation on responsiveness of peptides to MALDI and ESI mass spectrometry. *J Mass Spectrom* **2009**; 44 (5): 821-831.

Gururaja TL, Li W, Payan DG, Anderson DC. Utility of peptide-protein affinity complexes in proteomics: identification of interaction partners of a tumor suppressor peptide. *J Pept Res* **2003**; 61 (4): 163-176.

Gygi SP, Rist B, Gerber SA, Turecek F, Gelb MH, Aebersold R. Quantitative analysis of complex protein mixtures using isotope-coded affinity tags. *Nat Biotechnol* **1999**; 17 (10): 994-999.

Hackenberger CP, Schwarzer D. Chemoselective ligation and modification strategies for peptides and proteins. *Angew Chem Int Ed Engl* **2008**; 47 (52): 10030-10074.

Hanke S, Mann M. The phosphotyrosine interactome of the insulin receptor family and its substrates IRS-1 and IRS-2. *Mol Cell Proteomics* **2009**; 8 (3): 519-534.

Heuer K, Arbuzova A, Strauss H, Kofler M, Freund C. The helically extended SH3 domain of the T cell adaptor protein ADAP is a novel lipid interaction domain. *J Mol Biol* **2005**; 348 (4): 1025-1035.

Heuer K, Kofler M, Langdon G, Thiemke K, Freund C. Structure of a helically extended SH3 domain of the T cell adapter protein ADAP. *Structure* **2004**; 12 (4): 603-610.

Hicks WA, Halligan BD, Slyper RY, Twigger SN, Greene AS, Olivier M. Simultaneous quantification and identification using 18O labeling with an ion trap mass spectrometer and the analysis software application "ZoomQuant". *J Am Soc Mass Spectrom* **2005**; 16 (6): 916-925.

Hoch JA, Silhavy TJ. Two-Component Signal Transduction. *Asm Pr Washington* **1995**.

Hoffmann S, Funke SA, Wiesehan K, Moedder S, Gluck JM, Feuerstein S, Gerdts M, Motter J, Willbold D. Competitively selected protein ligands pay their increase in specificity by a decrease in affinity. *Molecular Biosystems* **2010**; 6 (1): 126-133.

Horn J, Wang X, Reichardt P, Stradal TE, Warnecke N, Simeoni L, Gunzer M, Yablonski D, Schraven B, Kliche S. Src homology 2-domain containing leukocytespecific phosphoprotein of 76 kDa is mandatory for TCR-mediated inside-out signaling, but dispensable for CXCR4-mediated LFA-1 activation, adhesion, and migration of T cells. *J Immunol* **2009**; 183 (9): 5756-5767.

Hou T, Xu Z, Zhang W, McLaughlin WA, Case DA, Xu Y, Wang W. Characterization of domain-peptide interaction interface: a generic structure-based model to decipher the binding specificity of SH3 domains. *Mol Cell Proteomics* **2009**; 8 (4): 639-649.

Howell JM, Winstone TL, Coorssen JR, Turner RJ. An evaluation of in vitro protein-protein interaction techniques: assessing contaminating background proteins. *Proteomics* **2006**; 6 (7): 2050-2069.

Huang H, Li L, Wu C, Schibli D, Colwill K, Ma S, Li C, Roy P, Ho K, Songyang Z, Pawson T, Gao Y, Li SS. Defining the specificity space of the human SRC homology 2 domain. *Mol Cell Proteomics* **2008**; 7 (4): 768-784.

Hunter T. Protein kinases and phosphatases: the yin and yang of protein phosphorylation and signaling. *Cell* **1995**; 80 (2): 225-236.

Hunter T. Signaling--2000 and beyond. *Cell* **2000**; 100 (1): 113-127.

Ito T, Chiba T, Ozawa R, Yoshida M, Hattori M, Sakaki Y. A comprehensive two-hybrid analysis to explore the yeast protein interactome. *Proc Natl Acad Sci U S A* **2001**; 98 (8): 4569-4574.

Jackson MD, Denu JM. Molecular reactions of protein phosphatases--insights from structure and chemistry. *Chem Rev* **2001**; 101 (8): 2313-2340.

Jia JY, Lamer S, Schumann M, Schmidt MR, Krause E, Haucke V. Quantitative proteomics analysis of detergent-resistant membranes from chemical synapses: evidence for cholesterol as spatial organizer of synaptic vesicle cycling. *Mol Cell Proteomics* **2006**; 5 (11): 2060-2071.

Johnson KL, Muddiman DC. A method for calculating 16O/18O peptide ion ratios for the relative quantification of proteomes. *J Am Soc Mass Spectrom* **2004**; 15 (4): 437-445.

Johnson LN, Lewis RJ. Structural basis for control by phosphorylation. *Chem Rev* **2001**; 101 (8): 2209-2242.

Juraschek R, Dulcks T, Karas M. Nanoelectrospray--more than just a minimized-flow electrospray ionization source. *J Am Soc Mass Spectrom* **1999**; 10 (4): 300-308.

Kapp EA, Schutz F, Reid GE, Eddes JS, Moritz RL, O'Hair RA, Speed TP, Simpson RJ. Mining a tandem mass spectrometry database to determine the trends and global factors influencing peptide fragmentation. *Anal Chem* **2003**; 75 (22): 6251-6264.

Literatur

Karas M, Gluckmann M, Schafer J. Ionization in matrix-assisted laser desorption/ionization: singly charged molecular ions are the lucky survivors. *J Mass Spectrom* **2000**; 35 (1): 1-12.

Karas M, Hillenkamp F. Laser desorption ionization of proteins with molecular masses exceeding 10,000 daltons. *Anal Chem* **1988**; 60 (20): 2299-2301.

Karas M, Kruger R. Ion formation in MALDI: the cluster ionization mechanism. *Chem Rev* **2003**; 103 (2): 427-440.

Kebarle P, Verkerk UH. Electrospray: From ions in solution to ions in the gas phase, what we know now. *Mass Spectrometry Reviews* **2009**; 28 (6): 898-917.

Keshishian H, Addona T, Burgess M, Kuhn E, Carr SA. Quantitative, multiplexed assays for low abundance proteins in plasma by targeted mass spectrometry and stable isotope dilution. *Mol Cell Proteomics* **2007**; 6 (12): 2212-2229.

Klausner RD, Samelson LE. T cell antigen receptor activation pathways: the tyrosine kinase connection. *Cell* **1991**; 64 (5): 875-878.

Klemm C, Otto S, Wolf C, Haseloff RF, Beyermann M, Krause E. Evaluation of the titanium dioxide approach for MS analysis of phosphopeptides. *J Mass Spectrom* **2006**; 41 (12): 1623-1632.

Klose J. Protein mapping by combined isoelectric focusing and electrophoresis of mouse tissues. A novel approach to testing for induced point mutations in mammals. *Humangenetik* **1975**; 26 (3): 231-243.

Knochenmuss R. Positive/negative ion ratios and in-plume reaction equilibria in MALDI. *International Journal of Mass Spectrometry* **2008**; 273 (1-2): 84-86.

Kofler M, Schuemann M, Merz C, Kosslick D, Schlundt A, Tannert A, Schaefer M, Luhrmann R, Krause E, Freund C. Proline-rich sequence recognition: I. Marking GYF and WW domain assembly sites in early spliceosomal complexes. *Mol Cell Proteomics* **2009**; 8 (11): 2461-2473.

Körbel S, Büchse T, Prietzsch H, Sasse T, Schümann M, Krause E, Brock J, Bittorf T. Phosphoprotein profiling of erythropoietin receptor-dependent pathways using different proteomic strategies. *Proteomics* **2005a**; 5 (1): 91-100.

Körbel S, Schümann M, Bittorf T, Krause E. Relative quantification of erythropoietin receptor-dependent phosphoproteins using in-gel 18O-labeling and tandem mass spectrometry. *Rapid Commun Mass Spectrom* **2005b**; 19 (16): 2259-2271.

Kosco KA, Cerignoli F, Williams S, Abraham RT, Mustelin T. SKAP55 modulates T cell antigen receptor-induced activation of the Ras-Erk-AP1 pathway by binding RasGRP1. *Mol Immunol* **2008**; 45 (2): 510-522.

Krause E. Proteomics. In: Offermanns S, Rosenthal, W. (Eds.): Encyclopedia of Molecular Pharmacology. *Springer-Verlag Berlin Heidelberg New York* **2008**; 2. Edition.

Krause E, Wenschuh H, Jungblut PR. The dominance of arginine-containing peptides in MALDI-derived tryptic mass fingerprints of proteins. *Anal Chem* **1999**; 71 (19): 4160-4165.

Krause M, Sechi AS, Konradt M, Monner D, Gertler FB, Wehland J. Fyn-binding protein (Fyb)/SLP-76-associated protein (SLAP), Ena/vasodilator-stimulated phosphoprotein (VASP) proteins and the Arp2/3 complex link T cell receptor (TCR) signaling to the actin cytoskeleton. *J Cell Biol* **2000**; 149 (1): 181-194.

Laemmli UK. Cleavage of structural proteins during the assembly of the head of bacteriophage T4. *Nature* **1970**; 227 (5259): 680-685.

**Lander ES, Linton LM, Birren B, Nusbaum C, Zody MC, Baldwin J, Devon K, Dewar K, Doyle M, FitzHugh W, Funke R, Gage D, Harris K, Heaford A, Howland J, Kann L, Lehoczky J, LeVine R, McEwan P, McKernan K, Meldrim J, Mesirov JP, Miranda C, Morris W, Naylor J, Raymond C, Rosetti M, Santos R, Sheridan A, Sougnez C, Stange-Thomann N, Stojanovic N, Subramanian A, Wyman D, Rogers J, Sulston J, Ainscough R, Beck S, Bentley D, Burton J, Clee C, Carter N, Coulson A, Deadman R, Deloukas P, Dunham A, Dunham I, Durbin R, French L, Grafham D, Gregory S, Hubbard T, Humphray S, Hunt A, Jones M, Lloyd C, McMurray A, Matthews L, Mercer S, Milne S, Mullikin JC, Mungall A, Plumb R, Ross M, Shownkeen R, Sims S, Waterston RH, Wilson RK, Hillier LW, McPherson JD, Marra MA, Mardis ER, Fulton LA, Chinwalla AT, Pepin KH, Gish WR, Chissoe SL, Wendl MC, Delehaunty KD, Miner TL, Delehaunty A, Kramer JB, Cook LL, Fulton RS, Johnson DL, Minx PJ, Clifton SW, Hawkins T, Branscomb E, Predki P, Richardson P, Wenning S, Slezak T, Doggett N, Cheng JF, Olsen A, Lucas S, Elkin C, Uberbacher E, Frazier M, Gibbs RA, Muzny DM, Scherer SE, Bouck JB, Sodergren EJ, Worley KC, Rives CM, Gorrell JH, Metzker ML, Naylor SL, Kucherlapati RS, Nelson DL, Weinstock GM, Sakaki Y, Fujiyama A, Hattori M, Yada T, Toyoda A, Itoh T, Kawagoe C, Watanabe H, Totoki Y, Taylor T, Weissenbach J, Heilig R, Saurin W, Artiguenave F, Brottier P, Bruls T, Pelletier E, Robert C, Wincker P, Smith DR, Doucette-Stamm L, Rubenfield M, Weinstock K, Lee HM, Dubois J, Rosenthal A, Platzer M, Nyakatura G, Taudien S, Rump A, Yang H, Yu J, Wang J, Huang G, Gu J, Hood L, Rowen L, Madan A, Qin S, Davis RW, Federspiel NA, Abola AP, Proctor MJ, Myers RM, Schmutz J, Dickson M, Grimwood J, Cox DR, Olson MV, Kaul R, Shimizu N, Kawasaki K, Minoshima S, Evans GA, Athanasiou M, Schultz R, Roe BA, Chen F, Pan H, Ramser J, Lehrach H, Reinhardt R, McCombie WR, de la Bastide M, Dedhia N, Blocker H, Hornischer K, Nordsiek G, Agarwala R, Aravind L, Bailey JA, Bateman A, Batzoglou S, Birney E, Bork P, Brown DG, Burge CB, Cerutti L, Chen HC, Church D, Clamp M, Copley RR, Doerks T, Eddy SR, Eichler EE, Furey TS, Galagan J, Gilbert JG, Harmon C, Hayashizaki Y, Haussler D, Hermjakob H, Hokamp K, Jang W, Johnson LS, Jones TA, Kasif S, Kaspryzk A, Kennedy S, Kent WJ, Kitts P, Koonin EV, Korf I, Kulp D, Lancet D, Lowe TM, McLysaght A, Mikkelsen T, Moran JV, Mulder N, Pollara VJ, Ponting CP, Schuler G, Schultz J, Slater G, Smit AF, Stupka E, Szustakowski J, Thierry-Mieg D, Thierry-Mieg J, Wagner L, Wallis

Literatur

J, Wheeler R, Williams A, Wolf YI, Wolfe KH, Yang SP, Yeh RF, Collins F, Guyer MS, Peterson J, Felsenfeld A, Wetterstrand KA, Patrinos A, Morgan MJ, de Jong P, Catanese JJ, Osoegawa K, Shizuya H, Choi S, Chen YJ. Initial sequencing and analysis of the human genome. *Nature* **2001**; 409 (6822): 860-921.

Lavagni P, Indrigo M, Colombo G, Martegani E, Rosenblum K, Gnesutta N, Zippel R. Identification of novel RasGRF1 interacting partners by large-scale proteomic analysis. *J Mol Neurosci* **2009**; 37 (3): 212-224.

Leenheer APd, Thienpont LM. Applications of isotope dilution-mass spectrometry in clinical chemistry, pharmacokinetics, and toxicology. *Mass Spectrometry Reviews* **1992**; 11 (4): 249-307.

Lehrach WP, Husmeier D, Williams CK. A regularized discriminative model for the prediction of protein-peptide interactions. *Bioinformatics* **2006**; 22 (5): 532-540.

Lettau M, Pieper J, Gerneth A, Lengl-Janssen B, Voss M, Linkermann A, Schmidt H, Gelhaus C, Leippe M, Kabelitz D, Janssen O. The adapter protein Nck: role of individual SH3 and SH2 binding modules for protein interactions in T lymphocytes. *Protein Sci* **2010**; 19 (4): 658-669.

Li L, Wu C, Huang H, Zhang K, Gan J, Li SS. Prediction of phosphotyrosine signaling networks using a scoring matrix-assisted ligand identification approach. *Nucleic Acids Res* **2008**; 36 (10): 3263-3273.

Liu BA, Jablonowski K, Raina M, Arce M, Pawson T, Nash PD. The human and mouse complement of SH2 domain proteins-establishing the boundaries of phosphotyrosine signaling. *Mol Cell* **2006**; 22 (6): 851-868.

Liu J, Kang H, Raab M, da Silva AJ, Kraeft SK, Rudd CE. FYB (FYN binding protein) serves as a binding partner for lymphoid protein and FYN kinase substrate SKAP55 and a SKAP55-related protein in T cells. *Proc Natl Acad Sci U S A* **1998**; 95 (15): 8779-8784.

Loetscher P, Mottlau L, Hochuli E. Immobilization of monoclonal antibodies for affinity chromatography using a chelating peptide. *J Chromatogr* **1992**; 595 (1-2): 113-119.

Lottspeich F, Zorbas H (Hrsg). Bioanalytik. *Spektrum Akademischer Verlag GmbH Heidelberg Berlin* **1998**.

Lu W, Shen K, Cole PA. Chemical dissection of the effects of tyrosine phosphorylation of SHP-2. *Biochemistry* **2003**; 42 (18): 5461-5468.

Makarov A. Electrostatic axially harmonic orbital trapping: a high-performance technique of mass analysis. *Anal Chem* **2000**; 72 (6): 1156-1162.

Mann M, Ong SE, Gronborg M, Steen H, Jensen ON, Pandey A. Analysis of protein phosphorylation using mass spectrometry: deciphering the phosphoproteome. *Trends Biotechnol* **2002**; 20 (6): 261-268.

Manning G, Whyte DB, Martinez R, Hunter T, Sudarsanam S. The protein kinase complement of the human genome. *Science* **2002**; 298 (5600): 1912-1934.

Marie-Cardine A, Hendricks-Taylor LR, Boerth NJ, Zhao H, Schraven B, Koretzky GA. Molecular interaction between the Fyn-associated protein SKAP55 and the SLP-76-associated phosphoprotein SLAP-130. *J Biol Chem* **1998**; 273 (40): 25789-25795.

Menasche G, Kliche S, Bezman N, Schraven B. Regulation of T-cell antigen receptor-mediated inside-out signaling by cytosolic adapter proteins and Rap1 effector molecules. *Immunol Rev* **2007**; 218: 82-91.

Merrifield RB. Solid Phase Peptide Synthesis. I. The Synthesis of a Tetrapeptide. *Journal of the American Chemical Society* **1963**; 85 (14): 2149-2154.

Miller ML, Hanke S, Hinsby AM, Friis C, Brunak S, Mann M, Blom N. Motif decomposition of the phosphotyrosine proteome reveals a new N-terminal binding motif for SHIP2. *Mol Cell Proteomics* **2008**; 7 (1): 181-192.

Mirgorodskaya E, Wanker E, Otto A, Lehrach H, Gobom J. Method for qualitative comparisons of protein mixtures based on enzyme-catalyzed stable-isotope incorporation. *J Proteome Res* **2005**; 4 (6): 2109-2116.

Mitchell P. Proteomics retrenches. *Nat Biotechnol* **2010**; 28 (7): 665-670.

Mittler G, Butter F, Mann M. A SILAC-based DNA protein interaction screen that identifies candidate binding proteins to functional DNA elements. *Genome Res* **2009**; 19 (2): 284-293.

Miyagi M, Rao KC. Proteolytic 18O-labeling strategies for quantitative proteomics. *Mass Spectrom Rev* **2007**; 26 (1): 121-136.

Moran MF, Koch CA, Anderson D, Ellis C, England L, Martin GS, Pawson T. Src homology region 2 domains direct protein-protein interactions in signal transduction. *Proc Natl Acad Sci U S A* **1990**; 87 (21): 8622-8626.

Murphy RC, Clay KL. Synthesis and back exchange of 18O labeled amino acids for use as internal standards with mass spectrometry. *Biomed Mass Spectrom* **1979**; 6 (7): 309-314.

Musci MA, Hendricks-Taylor LR, Motto DG, Paskind M, Kamens J, Turck CW, Koretzky GA. Molecular cloning of SLAP-130, an SLP-76-associated substrate of the T cell antigen receptor-stimulated protein tyrosine kinases. *J Biol Chem* **1997**; 272 (18): 11674-11677.

Literatur

Nelson TJ, Backlund PS, Jr., Yergey AL, Alkon DL. Isolation of protein subpopulations undergoing protein-protein interactions. *Mol Cell Proteomics* **2002**; 1 (3): 253-259.

Nielen MW, van Engelen MC, Zuiderent R, Ramaker R. Screening and confirmation criteria for hormone residue analysis using liquid chromatography accurate mass time-of-flight, Fourier transform ion cyclotron resonance and orbitrap mass spectrometry techniques. *Anal Chim Acta* **2007**; 586 (1-2): 122-129.

Nielsen PR, Nietlispach D, Mott HR, Callaghan J, Bannister A, Kouzarides T, Murzin AG, Murzina NV, Laue ED. Structure of the HP1 chromodomain bound to histone H3 methylated at lysine 9. *Nature* **2002**; 416 (6876): 103-107.

Nooren IMA, Thornton JM. Structural Characterisation and Functional Significance of Transient Protein-Protein Interactions. *Journal of Molecular Biology* **2003**; 325 (5): 991-1018.

O'Farrell PH. High resolution two-dimensional electrophoresis of proteins. *J Biol Chem* **1975**; 250 (10): 4007-4021.

Obenauer JC, Cantley LC, Yaffe MB. Scansite 2.0: Proteome-wide prediction of cell signaling interactions using short sequence motifs. *Nucleic Acids Res* **2003**; 31 (13): 3635-3641.

Old WM, Meyer-Arendt K, Aveline-Wolf L, Pierce KG, Mendoza A, Sevinsky JR, Resing KA, Ahn NG. Comparison of label-free methods for quantifying human proteins by shotgun proteomics. *Mol Cell Proteomics* **2005**; 4 (10): 1487-1502.

Ong SE, Blagoev B, Kratchmarova I, Kristensen DB, Steen H, Pandey A, Mann M. Stable isotope labeling by amino acids in cell culture, SILAC, as a simple and accurate approach to expression proteomics. *Mol Cell Proteomics* **2002**; 1 (5): 376-386.

Ong SE, Kratchmarova I, Mann M. Properties of 13C-substituted arginine in stable isotope labeling by amino acids in cell culture (SILAC). *J Proteome Res* **2003**; 2 (2): 173-181.

Ong SE, Mann M. Mass spectrometry-based proteomics turns quantitative. *Nat Chem Biol* **2005**; 1 (5): 252-262.

Ong SE, Mann M. A practical recipe for stable isotope labeling by amino acids in cell culture (SILAC). *Nat Protoc* **2006**; 1 (6): 2650-2660.

Orlando R. Quantitative Glycomics. In: (Eds.): Functional Glycomics. **2010**.

Owen DJ, Ornaghi P, Yang JC, Lowe N, Evans PR, Ballario P, Neuhaus D, Filetici P, Travers AA. The structural basis for the recognition of acetylated histone H4 by the bromodomain of histone acetyltransferase gcn5p. *EMBO J* **2000**; 19 (22): 6141-6149.

Park SK, Venable JD, Xu T, Yates JR, 3rd. A quantitative analysis software tool for mass spectrometry-based proteomics. *Nat Methods* **2008**; 5 (4): 319-322.

Parker KC, Patterson D, Williamson B, Marchese J, Graber A, He F, Jacobson A, Juhasz P, Martin S. Depth of proteome issues: a yeast isotope-coded affinity tag reagent study. *Mol Cell Proteomics* **2004**; 3 (7): 625-659.

Pawson T. Specificity in signal transduction: from phosphotyrosine-SH2 domain interactions to complex cellular systems. *Cell* **2004**; 116 (2): 191-203.

Pawson T, Gish GD, Nash P. SH2 domains, interaction modules and cellular wiring. *Trends Cell Biol* **2001**; 11 (12): 504-511.

Pawson T, Nash P. Protein-protein interactions define specificity in signal transduction. *Genes Dev* **2000**; 14 (9): 1027-1047.

Pawson T, Scott JD. Signaling through scaffold, anchoring, and adaptor proteins. *Science* **1997**; 278 (5346): 2075-2080.

Pawson T, Scott JD. Protein phosphorylation in signaling--50 years and counting. *Trends Biochem Sci* **2005**; 30 (6): 286-290.

Perkins DN, Pappin DJ, Creasy DM, Cottrell JS. Probability-based protein identification by searching sequence databases using mass spectrometry data. *Electrophoresis* **1999**; 20 (18): 3551-3567.

Peschke M, Verkerk UH, Kebarle P. Features of the ESI mechanism that affect the observation of multiply charged noncovalent protein complexes and the determination of the association constant by the titration method. *Journal of the American Society for Mass Spectrometry* **2004**; 15 (10): 1424-1434.

Peterson EJ, Woods ML, Dmowski SA, Derimanov G, Jordan MS, Wu JN, Myung PS, Liu QH, Pribila JT, Freedman BD, Shimizu Y, Koretzky GA. Coupling of the TCR to integrin activation by Slap-130/Fyb. *Science* **2001**; 293 (5538): 2263-2265.

Petsalaki E, Russell RB. Peptide-mediated interactions in biological systems: new discoveries and applications. *Curr Opin Biotechnol* **2008**; 19 (4): 344-350.

Phizicky EM, Fields S. Protein-protein interactions: methods for detection and analysis. *Microbiol Rev* **1995**; 59 (1): 94-123.

Piehler J. New methodologies for measuring protein interactions in vivo and in vitro. *Current Opinion in Structural Biology* **2005**; 15 (1): 4-14.

Pierce MM, Raman CS, Nall BT. Isothermal titration calorimetry of protein-protein interactions. *Methods* **1999**; 19 (2): 213-221.

Literatur

Piotukh K, Kosslick D, Zimmermann J, Krause E, Freund C. Reversible disulfide bond formation of intracellular proteins probed by NMR spectroscopy. *Free Radic Biol Med* **2007**; 43 (9): 1263-1270.

Pritz S, Wolf Y, Kraetke O, Klose J, Bienert M, Beyermann M. Enzymatic ligation of peptides, peptide nucleic acids and proteins by means of sortase A. *Adv Exp Med Biol* **2009**; 611: 107-108.

Puig O, Caspary F, Rigaut G, Rutz B, Bouveret E, Bragado-Nilsson E, Wilm M, Seraphin B. The tandem affinity purification (TAP) method: a general procedure of protein complex purification. *Methods* **2001**; 24 (3): 218-229.

Quill TA, Ren D, Clapham DE, Garbers DL. A voltage-gated ion channel expressed specifically in spermatozoa. *Proc Natl Acad Sci U S A* **2001**; 98 (22): 12527-12531.

Raab M, Kang H, da Silva A, Zhu X, Rudd CE. FYN-T-FYB-SLP-76 interactions define a T-cell receptor zeta/CD3-mediated tyrosine phosphorylation pathway that up-regulates interleukin 2 transcription in T-cells. *J Biol Chem* **1999**; 274 (30): 21170-21179.

Rigaut G, Shevchenko A, Rutz B, Wilm M, Mann M, Seraphin B. A generic protein purification method for protein complex characterization and proteome exploration. *Nat Biotechnol* **1999**; 17 (10): 1030-1032.

Rodrigue A, Quentin Y, Lazdunski A, Mejean V, Foglino M. Two-component systems in Pseudomonas aeruginosa: why so many? *Trends Microbiol* **2000**; 8 (11): 498-504.

Roepstorff P, Fohlman J. Proposal for a common nomenclature for sequence ions in mass spectra of peptides. *Biomed Mass Spectrom* **1984**; 11 (11): 601.

Rose K, Simona MG, Offord RE, Prior CP, Otto B, Thatcher DR. A new mass-spectrometric C-terminal sequencing technique finds a similarity between gamma-interferon and alpha 2-interferon and identifies a proteolytically clipped gamma-interferon that retains full antiviral activity. *Biochem J* **1983**; 215 (2): 273-277.

Rosenfeld J, Capdevielle J, Guillemot JC, Ferrara P. In-gel digestion of proteins for internal sequence analysis after one- or two-dimensional gel electrophoresis. *Anal Biochem* **1992**; 203 (1): 173-179.

Ross PL, Huang YN, Marchese JN, Williamson B, Parker K, Hattan S, Khainovski N, Pillai S, Dey S, Daniels S, Purkayastha S, Juhasz P, Martin S, Bartlet-Jones M, He F, Jacobson A, Pappin DJ. Multiplexed protein quantitation in Saccharomyces cerevisiae using amine-reactive isobaric tagging reagents. *Mol Cell Proteomics* **2004**; 3 (12): 1154-1169.

Rubin GM. The draft sequences. Comparing species. *Nature* **2001**; 409 (6822): 820-821.

Sadowski I, Stone JC, Pawson T. A noncatalytic domain conserved among cytoplasmic protein-tyrosine kinases modifies the kinase function and transforming activity of Fujinami sarcoma virus P130gag-fps. *Mol Cell Biol* **1986**; 6 (12): 4396-4408.

Sambrook J, Russel DE. Molecular Cloning: A Laboratory Manual. *Cold Spring Harbor Laboratory Press, NY* **2001**; Volume 3.

Santoni V, Molloy M, Rabilloud T. Membrane proteins and proteomics: un amour impossible? *Electrophoresis* **2000**; 21 (6): 1054-1070.

Schindler T, Bornmann W, Pellicena P, Miller WT, Clarkson B, Kuriyan J. Structural mechanism for STI-571 inhibition of abelson tyrosine kinase. *Science* **2000**; 289 (5486): 1938-1942.

Schlüter H, Apweiler R, Holzhütter HG, Jungblut PR. Finding one's way in proteomics: a protein species nomenclature. *Chem Cent J* **2009**; 3: 11.

Schlundt A, Sticht J, Piotukh K, Kosslick D, Jahnke N, Keller S, Schuemann M, Krause E, Freund C. Proline-rich sequence recognition: II. Proteomics analysis of Tsg101 ubiquitin-E2-like variant (UEV) interactions. *Mol Cell Proteomics* **2009**; 8 (11): 2474-2486.

Schmidt A, Karas M, Dulcks T. Effect of different solution flow rates on analyte ion signals in nano-ESI MS, or: when does ESI turn into nano-ESI? *J Am Soc Mass Spectrom* **2003**; 14 (5): 492-500.

Schmidt A, Kellermann J, Lottspeich F. A novel strategy for quantitative proteomics using isotope-coded protein labels. *Proteomics* **2005**; 5 (1): 4-15.

Schmidt F, Krah A, Schmid M, Jungblut PR, Thiede B. Distinctive mass losses of tryptic peptides generated by matrix-assisted laser desorption/ionization time-of-flight/time-of-flight. *Rapid Commun Mass Spectrom* **2006**; 20 (5): 933-936.

Schneider H, Wang H, Raab M, Valk E, Smith X, Lovatt M, Wu Z, Maqueira-Iglesias B, Strebhardt K, Rudd CE. Adaptor SKAP-55 binds p21 activating exchange factor RasGRP1 and negatively regulates the p21-ERK pathway in T-cells. *PLoS One* **2008**; 3 (3): e1718.

Schneider HJ, Hacket F, Rudiger V, Ikeda H. NMR Studies of Cyclodextrins and Cyclodextrin Complexes. *Chem Rev* **1998**; 98 (5): 1755-1786.

Schnölzer M, Jedrzejewski P, Lehmann WD. Protease-catalyzed incorporation of 18O into peptide fragments and its application for protein sequencing by electrospray and matrix-assisted laser desorption/ionization mass spectrometry. *Electrophoresis* **1996**; 17 (5): 945-953.

Schraven B, Marie-Cardine A, Koretzky G. Molecular analysis of the fyn-complex: cloning of SKAP55 and SLAP-130, two novel adaptor proteins which associate with

Literatur

fyn and may participate in the regulation of T cell receptor-mediated signaling. *Immunol Lett* **1997**; 57 (1-3): 165-169.

Schulze WX, Deng L, Mann M. Phosphotyrosine interactome of the ErbB-receptor kinase family. *Mol Syst Biol* **2005**; 1: 2005 0008.

Schulze WX, Mann M. A novel proteomic screen for peptide-protein interactions. *J Biol Chem* **2004**; 279 (11): 10756-10764.

Schwarzer D, Cole PA. Protein semisynthesis and expressed protein ligation: chasing a protein's tail. *Curr Opin Chem Biol* **2005**; 9 (6): 561-569.

Schwarzer D, Zhang ZS, Zheng WP, Cole PA. Negative regulation of a protein tyrosine phosphatase by tyrosine phosphorylation. *Journal of the American Chemical Society* **2006**; 128 (13): 4192-4193.

Seet BT, Dikic I, Zhou MM, Pawson T. Reading protein modifications with interaction domains. *Nat Rev Mol Cell Biol* **2006**; 7 (7): 473-483.

Serwa RA, Swiecicki J-M, Homann D, Hackenberger CPR. Phosphoramidate-peptide synthesis by solution- and solid-phase Staudinger-phosphite reactions. *Journal of Peptide Science* **2010**; 9999 (9999): n/a.

Shabb JB. Physiological substrates of cAMP-dependent protein kinase. *Chem Rev* **2001**; 101 (8): 2381-2411.

Shin DS, Kim DH, Chung WJ, Lee YS. Combinatorial solid phase peptide synthesis and bioassays. *J Biochem Mol Biol* **2005**; 38 (5): 517-525.

Sicheri F, Moarefi I, Kuriyan J. Crystal structure of the Src family tyrosine kinase Hck. *Nature* **1997**; 385 (6617): 602-609.

Simo C, Bachi A, Cattaneo A, Guerrier L, Fortis F, Boschetti E, Podtelejnikov A, Righetti PG. Performance of combinatorial peptide libraries in capturing the low-abundance proteome of red blood cells. 1. Behavior of mono- to hexapeptides. *Anal Chem* **2008**; 80 (10): 3547-3556.

Smialowski P, Pagel P, Wong P, Brauner B, Dunger I, Fobo G, Frishman G, Montrone C, Rattei T, Frishman D, Ruepp A. The Negatome database: a reference set of non-interacting protein pairs. *Nucleic Acids Res* **2010**; 38 (Database issue): D540-544.

Song T, Hatano N, Horii M, Tokumitsu H, Yamaguchi F, Tokuda M, Watanabe Y. Calcium/calmodulin-dependent protein kinase I inhibits neuronal nitric-oxide synthase activity through serine 741 phosphorylation. *Febs Letters* **2004**; 570 (1-3): 133-137.

Songyang Z, Shoelson SE, Chaudhuri M, Gish G, Pawson T, Haser WG, King F, Roberts T, Ratnofsky S, Lechleider RJ, et al. SH2 domains recognize specific phosphopeptide sequences. *Cell* **1993**; 72 (5): 767-778.

Steen H, Fernandez M, Ghaffari S, Pandey A, Mann M. Phosphotyrosine mapping in Bcr/Abl oncoprotein using phosphotyrosine-specific immonium ion scanning. *Mol Cell Proteomics* **2003**; 2 (3): 138-145.

Sylvester M. Biochemische Charakterisierung des Immunzellproteins ADAP. *Fachbereich Biologie, Chemie, Pharmazie* **2009**; Dissertation.

Sylvester M, Kliche S, Lange S, Geithner S, Klemm C, Schlosser A, Großmann A, Stelzl U, Schraven B, Krause E, Freund C. Adhesion and Degranulation Promoting Adapter Protein (ADAP) Is a Central Hub for Phosphotyrosine-Mediated Interactions in T Cells. *PLoS One* **2010**; 5 (7): e11708.

Tanaka K, Waki H, Ido Y, Akita S, Yoshida Y, Yoshida T, Matsuo T. Protein and polymer analyses up to <I>m/z</I> 100 000 by laser ionization time-of-flight mass spectrometry. *Rapid Communications in Mass Spectrometry* **1988**; 2 (8): 151-153.

Taylor PJ. Matrix effects: the Achilles heel of quantitative high-performance liquid chromatography-electrospray-tandem mass spectrometry. *Clinical Biochemistry* **2005**; 38 (4): 328-334.

Torti M, Lapetina EG. Role of rap1B and p21ras GTPase-activating protein in the regulation of phospholipase C-gamma 1 in human platelets. *Proc Natl Acad Sci U S A* **1992**; 89 (16): 7796-7800.

Uetz P, Giot L, Cagney G, Mansfield TA, Judson RS, Knight JR, Lockshon D, Narayan V, Srinivasan M, Pochart P, Qureshi-Emili A, Li Y, Godwin B, Conover D, Kalbfleisch T, Vijayadamodar G, Yang M, Johnston M, Fields S, Rothberg JM. A comprehensive analysis of protein-protein interactions in Saccharomyces cerevisiae. *Nature* **2000**; 403 (6770): 623-627.

van't Hof W, Resh MD. Dual fatty acylation of p59(Fyn) is required for association with the T cell receptor zeta chain through phosphotyrosine-Src homology domain-2 interactions. *J Cell Biol* **1999**; 145 (2): 377-389.

Vanhee P, Reumers J, Stricher F, Baeten L, Serrano L, Schymkowitz J, Rousseau F. PepX: a structural database of non-redundant protein-peptide complexes. *Nucleic Acids Res* **2010**; 38 (Database issue): D545-551.

Venter JC, Adams MD, Myers EW, Li PW, Mural RJ, Sutton GG, Smith HO, Yandell M, Evans CA, Holt RA, Gocayne JD, Amanatides P, Ballew RM, Huson DH, Wortman JR, Zhang Q, Kodira CD, Zheng XH, Chen L, Skupski M, Subramanian G, Thomas PD, Zhang J, Gabor Miklos GL, Nelson C, Broder S, Clark AG, Nadeau J, McKusick VA, Zinder N, Levine AJ, Roberts RJ, Simon M, Slayman C, Hunkapiller M, Bolanos R, Delcher A, Dew I, Fasulo D, Flanigan M, Florea L, Halpern A, Hannenhalli S, Kravitz S, Levy S, Mobarry C, Reinert K, Remington K, Abu-Threideh J, Beasley E, Biddick K, Bonazzi V, Brandon R, Cargill M, Chandramouliswaran I, Charlab R, Chaturvedi K, Deng Z, Di Francesco V, Dunn P, Eilbeck K, Evangelista C, Gabrielian AE, Gan W, Ge W, Gong F, Gu Z, Guan P, Heiman TJ, Higgins ME, Ji RR, Ke Z, Ketchum KA, Lai Z, Lei Y, Li Z, Li J, Liang

Literatur

Y, Lin X, Lu F, Merkulov GV, Milshina N, Moore HM, Naik AK, Narayan VA, Neelam B, Nusskern D, Rusch DB, Salzberg S, Shao W, Shue B, Sun J, Wang Z, Wang A, Wang X, Wang J, Wei M, Wides R, Xiao C, Yan C, Yao A, Ye J, Zhan M, Zhang W, Zhang H, Zhao Q, Zheng L, Zhong F, Zhong W, Zhu S, Zhao S, Gilbert D, Baumhueter S, Spier G, Carter C, Cravchik A, Woodage T, Ali F, An H, Awe A, Baldwin D, Baden H, Barnstead M, Barrow I, Beeson K, Busam D, Carver A, Center A, Cheng ML, Curry L, Danaher S, Davenport L, Desilets R, Dietz S, Dodson K, Doup L, Ferriera S, Garg N, Gluecksmann A, Hart B, Haynes J, Haynes C, Heiner C, Hladun S, Hostin D, Houck J, Howland T, Ibegwam C, Johnson J, Kalush F, Kline L, Koduru S, Love A, Mann F, May D, McCawley S, McIntosh T, McMullen I, Moy M, Moy L, Murphy B, Nelson K, Pfannkoch C, Pratts E, Puri V, Qureshi H, Reardon M, Rodriguez R, Rogers YH, Romblad D, Ruhfel B, Scott R, Sitter C, Smallwood M, Stewart E, Strong R, Suh E, Thomas R, Tint NN, Tse S, Vech C, Wang G, Wetter J, Williams S, Williams M, Windsor S, Winn-Deen E, Wolfe K, Zaveri J, Zaveri K, Abril JF, Guigo R, Campbell MJ, Sjolander KV, Karlak B, Kejariwal A, Mi H, Lazareva B, Hatton T, Narechania A, Diemer K, Muruganujan A, Guo N, Sato S, Bafna V, Istrail S, Lippert R, Schwartz R, Walenz B, Yooseph S, Allen D, Basu A, Baxendale J, Blick L, Caminha M, Carnes-Stine J, Caulk P, Chiang YH, Coyne M, Dahlke C, Mays A, Dombroski M, Donnelly M, Ely D, Esparham S, Fosler C, Gire H, Glanowski S, Glasser K, Glodek A, Gorokhov M, Graham K, Gropman B, Harris M, Heil J, Henderson S, Hoover J, Jennings D, Jordan C, Jordan J, Kasha J, Kagan L, Kraft C, Levitsky A, Lewis M, Liu X, Lopez J, Ma D, Majoros W, McDaniel J, Murphy S, Newman M, Nguyen T, Nguyen N, Nodell M, Pan S, Peck J, Peterson M, Rowe W, Sanders R, Scott J, Simpson M, Smith T, Sprague A, Stockwell T, Turner R, Venter E, Wang M, Wen M, Wu D, Wu M, Xia A, Zandieh A, Zhu X. The sequence of the human genome. *Science* **2001**; 291 (5507): 1304-1351.

Vermeulen M, Mulder KW, Denissov S, Pijnappel WW, van Schaik FM, Varier RA, Baltissen MP, Stunnenberg HG, Mann M, Timmers HT. Selective anchoring of TFIID to nucleosomes by trimethylation of histone H3 lysine 4. *Cell* **2007**; 131 (1): 58-69.

Vincenti F, Luggen M. T cell costimulation: a rational target in the therapeutic armamentarium for autoimmune diseases and transplantation. *Annu Rev Med* **2007**; 58: 347-358.

Vogel EM, Imperiali B. Semisynthesis of unnatural amino acid mutants of paxillin: protein probes for cell migration studies. *Protein Sci* **2007**; 16 (3): 550-556.

von Rechenberg M, Blake BK, Ho YS, Zhen Y, Chepanoske CL, Richardson BE, Xu N, Kery V. Ampicillin/penicillin-binding protein interactions as a model drug-target system to optimize affinity pull-down and mass spectrometric strategies for target and pathway identification. *Proteomics* **2005**; 5 (7): 1764-1773.

Vorherr T, Knopfel L, Hofmann F, Mollner S, Pfeuffer T, Carafoli E. The calmodulin binding domain of nitric oxide synthase and adenylyl cyclase. *Biochemistry* **1993**; 32 (23): 6081-6088.

Waksman G, Shoelson SE, Pant N, Cowburn D, Kuriyan J. Binding of a high affinity phosphotyrosyl peptide to the Src SH2 domain: crystal structures of the complexed and peptide-free forms. *Cell* **1993**; 72 (5): 779-790.

Walsh CT, Garneau-Tsodikova S, Gatto GJ, Jr. Protein posttranslational modifications: the chemistry of proteome diversifications. *Angew Chem Int Ed Engl* **2005**; 44 (45): 7342-7372.

Washburn MP, Wolters D, Yates JR, 3rd. Large-scale analysis of the yeast proteome by multidimensional protein identification technology. *Nat Biotechnol* **2001**; 19 (3): 242-247.

Wavreille AS, Garaud M, Zhang Y, Pei D. Defining SH2 domain and PTP specificity by screening combinatorial peptide libraries. *Methods* **2007**; 42 (3): 207-219.

Wilhelmsen K, Copp J, Glenn G, Hoffman RC, Tucker P, van der Geer P. Purification and identification of protein-tyrosine kinase-binding proteins using synthetic phosphopeptides as affinity reagents. *Mol Cell Proteomics* **2004**; 3 (9): 887-895.

Wilkins MR, Sanchez JC, Gooley AA, Appel RD, Humphery-Smith I, Hochstrasser DF, Williams KL. Progress with proteome projects: why all proteins expressed by a genome should be identified and how to do it. *Biotechnol Genet Eng Rev* **1996**; 13: 19-50.

Wilm M. Quantitative proteomics in biological research. *Proteomics* **2009**; 9 (20): 4590-4605.

Wilm M, Mann M. Analytical properties of the nanoelectrospray ion source. *Anal Chem* **1996**; 68 (1): 1-8.

Wilm MS, Mann M. Electrospray and Taylor-Cone theory, Dole's beam of macromolecules at last? *International Journal of Mass Spectrometry and Ion Processes* **1994**; 136 (2-3): 167-180.

Wolf-Yadlin A, Hautaniemi S, Lauffenburger DA, White FM. Multiple reaction monitoring for robust quantitative proteomic analysis of cellular signaling networks. *Proc Natl Acad Sci U S A* **2007**; 104 (14): 5860-5865.

Wolven A, Okamura H, Rosenblatt Y, Resh MD. Palmitoylation of p59fyn is reversible and sufficient for plasma membrane association. *Mol Biol Cell* **1997**; 8 (6): 1159-1173.

Wu C, Ma MH, Brown KR, Geisler M, Li L, Tzeng E, Jia CY, Jurisica I, Li SS. Systematic identification of SH3 domain-mediated human protein-protein interactions by peptide array target screening. *Proteomics* **2007**; 7 (11): 1775-1785.

Wu JW, Hu M, Chai J, Seoane J, Huse M, Li C, Rigotti DJ, Kyin S, Muir TW, Fairman R, Massague J, Shi Y. Crystal structure of a phosphorylated Smad2. Recognition of phosphoserine by the MH2 domain and insights on Smad function in TGF-beta signaling. *Mol Cell* **2001**; 8 (6): 1277-1289.

Wunderlich L, Farago A, Downward J, Buday L. Association of Nck with tyrosine-phosphorylated SLP-76 in activated T lymphocytes. *Eur J Immunol* **1999**; 29 (4): 1068-1075.

Yaffe MB. Phosphotyrosine-binding domains in signal transduction. *Nat Rev Mol Cell Biol* **2002**; 3 (3): 177-186.

Yao X, Freas A, Ramirez J, Demirev PA, Fenselau C. Proteolytic 18O labeling for comparative proteomics: model studies with two serotypes of adenovirus. *Anal Chem* **2001**; 73 (13): 2836-2842.

Yap KL, Kim J, Truong K, Sherman M, Yuan T, Ikura M. Calmodulin target database. *J Struct Funct Genomics* **2000**; 1 (1): 8-14.

Zang L, Palmer Toy D, Hancock WS, Sgroi DC, Karger BL. Proteomic analysis of ductal carcinoma of the breast using laser capture microdissection, LC-MS, and 16O/18O isotopic labeling. *J Proteome Res* **2004**; 3 (3): 604-612.

Zanzoni A, Montecchi-Palazzi L, Quondam M, Ausiello G, Helmer-Citterich M, Cesareni G. MINT: a Molecular INTeraction database. *FEBS Lett* **2002**; 513 (1): 135-140.

Zhang L, Shao C, Zheng D, Gao Y. An integrated machine learning system to computationally screen protein databases for protein binding peptide ligands. *Mol Cell Proteomics* **2006**; 5 (7): 1224-1232.

Zhang M, Vogel HJ. Characterization of the calmodulin-binding domain of rat cerebellar nitric oxide synthase. *J Biol Chem* **1994**; 269 (2): 981-985.

Zhou F, Galan J, Geahlen RL, Tao WA. A novel quantitative proteomics strategy to study phosphorylation-dependent peptide-protein interactions. *J Proteome Res* **2007**; 6 (1): 133-140.

Zhu WH, Smith JW, Huang CM. Mass Spectrometry-Based Label-Free Quantitative Proteomics. *Journal of Biomedicine and Biotechnology* **2010**: 6.

Zimmermann J, Kuhne R, Sylvester M, Freund C. Redox-regulated conformational changes in an SH3 domain. *Biochemistry* **2007**; 46 (23): 6971-6977.

Zoche M, Beyermann M, Koch KW. Introduction of a phosphate at serine741 of the calmodulin-binding domain of the neuronal nitric oxide synthase (NOS-I) prevents binding of calmodulin. *Biol Chem* **1997**; 378 (8): 851-857.

Zoche M, Bienert M, Beyermann M, Koch KW. Distinct molecular recognition of calmodulin-binding sites in the neuronal and macrophage nitric oxide synthases: a surface plasmon resonance study. *Biochemistry* **1996**; 35 (26): 8742-8747.

Anhang

Abkürzungsverzeichnis

$^{12/13}$C	Kohlenstoffisotop mit dem Atomgewicht 12 bzw. 13
$^{14/15}$N	Stickstoffisotop mit dem Atomgewicht 14 bzw. 15
$^{16/18}$O	Sauerstoffisotop mit dem Atomgewicht 16 bzw. 18
1D/2D	ein- bzw. zweidimensional
ABC	Ammoniumbicarbonat
ACN	Acetonitril
ADAP	adhäsions- und degranulierungsförderndes Adapterprotein (*adhesion and degranulation promoting adapter protein*)
ALL	akute lymphatische Leukämie
AML	akute myeloische Leukämie
APC	Antigen präsentierende Zelle (*antigen presenting cell*)
AQUA	absolute Quantifizierung
ATP	Adenosintriphosphat
BCR	menschliches Gen auf Chromosom 22 (*breakpoint cluster region*)
BSA	Rinderserumalbumin (*bovine serum albumine*)
c-Abl	menschliches Gen auf Chromosom 9 (*abelson murine leukemia viral oncogene homolog*)
CaM	Calmodulin
cAMP	zyklisches Adenosinmonophosphat (*cyclic adenosine monophosphate*)
CBP	Calmodulin-bindendes Peptid

Anhang

CD	Unterscheidungsgruppen (*cluster of differentiation*)
cDNA	komplementäre DNA (*complementary DNA*)
CHCA	α-Cyano-4-hydroxyzimtsäure (*α-cyano-4-hydroxycinnamic acid*)
CID	kollisionsinduzierte Dissoziation (*collision induced dissociation*)
CML	chronische myeloische Leukämie
Co-IP	Koimmunpräzipitation
CRM	Model des geladenen Rückstandes (*charged residue model*)
C-terminal	Carboxy-terminal
C-Terminus	Carboxy-Terminus
CTL	Zytotoxische T-Zellen (*cytotoxic T cell*)
Da	Dalton
DBD	DNA-Bindungsdomäne
DHB	2,5-Dihydroxybenzoesäure
DIEA	N,N-Diisopropylethylamin
DMF	N,N-Dimethylformamid
DNA	Desoxyribonukleinsäure (*deoxyribonucleic acid*)
DTT	Dithiothreitol
E. coli	Escherichia coli
ECD	Elektoneneinfang Dissoziation (*electron capture dissociation*)
EDTA	Ethylendiamintetraacetat
EGTA	Ethylenglykoltetraacetat
ESI	Elektronensprayionisation (*electrospray ionization*)
ETD	Elektronentransfer Dissoziation (*electron transfer dissociation*)
eV	Elektronenvolt
EVH1	ENA/VASP-Homologie 1
FA	Ameisensäure (*formic acid*)
FBS	fötales Kälberserum (*fetal bovine serum*)
FDR	Falschidentifizierungshäufigkeit (*false discovery rate*)
Fmoc	9-Fluorenylmethyloxycarbonyl
FT	Fouriertransformation
FWHM	Halbwertsbreite (*full width at half maximum*)
Fyn	Protoonkogen Tyrosin-Proteinkinase Fyn
GRAP2	GRB2-abhängiges Adapterprotein 2
GSH	Glutathion
GST	Glutathion S-Transferase
GYF	Proteindomäne mit einer hochkonservierten Peptidsequenz bestehend aus Glycin, Tyrosin und Phenylalanin
HBTU	O-(1-H-Benzotriazol-1-yl)-N,N,N',N'-tetramethyluroniumhexafluoro-

	phosphat
HCD	hochkollisionsinduzierte Dissoziation
	(*high collision induced dissociation*)
HCK	Src-Tyrosin-Proteinkinase HCK (*hemopoietic cell kinase*)
HPLC	Hochleistungsflüssigchromatografie
	(*high-performance liquid chromatography*)
hSH3	helikale SH3-Domäne
ICAT	Isotopenkodierte Affinitätsmarkierung (*isotope-coded affinity tag*)
ICP	Induktiv gekoppeltes Plasma (*inductive coupled plasma*)
ICPL	Isotopenkodierte Proteinmarkierung (*isotope-coded protein label*)
ICR	Ionencyclotronresonanz
i.d.	Innendurchmesser (*inner diameter*)
IEM	Ionenemmisionsmodel (*ion evaporation model*)
IgB	Immunglobulin G
IP	Immunpräzipitation
IPTG	Isopropyl-β-thiogalaktopyranosid
ITAM	Immunrezeptor Tyrosin-basiertes Aktivierungsmotiv
	(*immunoreceptor tyrosine-based activation motif*)
ITC	Isothermale Titrationskalorimetrie (*isothermal titration calorimetry*)
ITK	Tyrosin-Proteinkinase ITK/TSK
iTRAQ	Isobare Markierung für relative und absolute Quantifizierung
	(*isobaric tag for relative and absolute quantification*)
K_A	Assoziationskonstante
K_D	Dissoziationskonstante
kDa	Kilodalton
LAT	Linker für die Aktivierung von T-Zellen
LC	Flüssigchromatographie (*liquid chromatography*)
LMW-PTP	Phosphotyrosin-Proteinphosphatase mit geringem Molekulargewicht
	(*low molecular weight phosphotyrosine protein phosphatase*)
m/z	Masse-zu-Ladungsverhältnis
MALDI	Matrixunterstützte Laserdesorption/-ionisation
	(*matrix assisted laser desorption/ionization*)
MeCAT	Metallkodierte Affinitätsmarkierung (*metal coded affinity tag*)
MHC	Haupthistokompatibilitätskomplex (*major histocompatibility complex*)
M-hex-OH	Maleimidohexansäure
MRM	Überwachung von mehrfachen Reaktionen
	(*multiple reaction monitoring*)
MS	Massenspektrometrie/massenspektrometrisch

Anhang

MS/MS	tandem Massenspektrometrie
MW	Molekulargewicht (*molecular weight*)
NCK	Zytoplasmatisches Protein NCK
Nd:YAG-Laser	Neodym-dotierter Yttrium-Aluminium-Granat-Laser
NMR	Kernspinresonanz (*nuclear magnetic resonance*)
NOS-I	neuronale Stickstoffmonoxidsynthase (*neuronal nitric oxide synthase*)
N-terminal	Amino-terminal
N-Terminus	Amino-Terminus
OD	optische Dichte
OH	Hydroxygruppe
OKT3	Muromonab-CD3 Antikörper
OT	Orbitrap
PAGE	Polyacrylamidgelelektrophorese
PBS	phosphatgepufferte Salzlösung (*phosphate buffered saline*)
PEP	statistische Fehlerwahrscheinlichkeit (*posterior error probability*)
PLCγ1	1-Phosphatidylinositol-4,5-biphosphatphosphodiesterase γ-1
PMF	Peptidmassenfingerabdruck (*peptide mass fingerprint*)
Phosphonat	Phosphonomethylen-L-phenylalanin
ppm	Teile/Million (*parts per million*)
ProtA	Protein A
PTB-Domäne	Phosphotyrosinbindungsdomäne
PTM	posttranslationale Modifizierung
Pulldown	(Peptid-)Protein-Interaktionsexperimente
QTOF	Quadrupol-TOF-Hybridinstrument
RNA	Ribonukleinsäure (*ribonucleic acid*)
RP	Umkehrphase (*reversed phase*)
S/N	Signal-zu-Rauschverhältnis (*signal to noise*)
SCX	starker Kationenaustauscher (*strong cation exchange*)
SDS	Natriumdodecylsulfat (*sodium dodecyl sulfate*)
SH2/SH3	Src Homologie 2/3
SILAC	stabiles Isotopenmarlierungsverfahren durch Aminosäuren in Zellkultur (*stable isotope labeling by amino acids in cell culture*)
SKAP55	Src-Kinase-assoziiertes Phosphoprotein von 55 kDa
SLP76	SH2-Domänen-enthaltendens Leukozytenprotein von 76 kDa
Smad2	SMA/MAD-Homolog 2 (*mothers against decapentaplegic homolog 2*)
SPPS	Standardfestphasensynthese (*solid-phase peptide synthesis*)
SPR	Oberflächenplasmonenresonanz (*surface plasmon resonance*)
TAD	Transaktivierungsdomäne

TAP	stufenweise Affinitätsreinigung (*tandem affinity purification*)	
TBTU	2-(1-*H*-Benzotriazol-1-yl)-1,1,3,3-tetramethyluroniumtetrafluoroborat	
TCR	T-Zellrezeptor (*T cell receptor*)	
TEV	Tabakätzvirus (*tobacco etch virus*)	
TFA	Trifluoressigsäure (*trifluoroacetic acid*)	
TiO_2	Titandioxid	
TOF	Flugzeit (time of *flight*)	
Tris	Trishydroxymethylaminomethan	
UV	ultraviolett	
VAV	Protoonkogen Tyrosin-Proteinkinase VAV	
WW-Domäne	Proteindomäne mit zwei hochkonservierten Tryptophanen	
Y2H	Hefe-Zwei-Hybridsystem (*yeast two hybrid*)	
ZAP70	ζ-assoziiertes Protein von 70 kDa	

Symbole für Aminosäuren

A	Ala	Alanin
C	Cys	Cystein
D	Asp	Asparaginsäure
E	Glu	Glutaminsäure
F	Phe	Phenylalanin
G	Gly	Glycin
H	His	Histidin
I	Ile	Isoleucin
K	Lys	Lysin
L	Leu	Leucin
M	Met	Methionin
N	Asn	Asparagin
P	Pro	Prolin
Q	Gln	Glutamin
R	Arg	Arginin
S	Ser	Serin
T	Thr	Threonin
V	Val	Valin
W	Trp	Tryptophan
Y	Tyr	Tyrosin

Anhang

Publikationen und Konferenzbeiträge

Lange S, Sylvester M, Schümann M, Freund C, Krause E. Identification of Phosphorylation-Dependent Interaction Partners of the Adapter Protein ADAP using Quantitative Mass Spectrometry: SILAC vs. (18)O-Labeling. *J Proteome Res* **2010**; 9 (8): 4113-4122.

Sylvester M, Kliche S, **Lange S,** Geithner S, Klemm C, Schlosser A, Großmann A, Stelzl U, Schraven B, Krause E, Freund C. Adhesion and Degranulation Promoting Adapter Protein (ADAP) Is a Central Hub for Phosphotyrosine-Mediated Interactions in T Cells. *PLoS One* **2010**; 5 (7): e11708.

Lange S, Eberhard Krause. Quantitative mass spectrometry combined with a covalent peptide approach for determination of protein interactions **2010**. *43. Jahrestagung der Deutschen Gesellschaft für Massenspektrometrie, Halle. (Vortrag)*

Lange S. Comparison of SILAC and ^{18}O labeling for relative quantification in protein interaction studies **2009**. *Thermo Scientific Proteomics Seminar, Berlin. (Vortrag)*

Lange S. Enzymatische ^{18}O-Markierung – Eine SILAC-Alternative für quantitative Proteomics? **2009**. *16. Arbeitstagung Mikromethoden in der Proteinchemie, Martinsried, München. (Vortrag)*

Lange S, Sylvester M, Stephanowitz H, Freund C, Krause E. Comparison of SILAC and ^{18}O labeling for protein interaction studies **2009**. *18th International Mass Spectrometry Conference, Bremen. (Posterbeitrag)*

Lange S, Sylvester M, Freund C, Krause E. Identification of phosphorylation site-dependent ADAP protein interactions using quantitative mass spectrometry **2009**. *18th International Mass Spectrometry Conference, Bremen. (Posterbeitrag)*

Lange S, Sylvester M, Schümann M, Freund C, Krause E. Identification of phosphorylation mediated ADAP interaction partners using quantitative mass spectrometry **2009**. *42. Jahrestagung der Deutschen Gesellschaft für Massenspektrometrie, Konstanz. (Posterbeitrag)*

Lange S, Stephanowitz H, Schümann M, Haseloff RF, Krause E. Comparison of SILAC and ^{18}O-labeling for peptide-protein interaction studies **2008**. *2nd European Summer School "Proteomic Basics", Brixen, Italien. (Posterbeitrag)*

Danksagung

An erster Stelle möchte ich Dr. Eberhard Krause für die Überlassung des interessanten Themas und seiner andauernden Unterstützung danken. Für seine stete Diskussionsbereitschaft aber auch für die gewährten Freiheiten im Zuge der Arbeit bin ich sehr dankbar.

Den Gutachtern dieser Arbeit, Prof. Dipl.-Ing. Dr. Ulf Stahl, Prof. Dr. Michael Bienert und Prof. Dr. Leif-Alexander Garbe, danke ich für Anregungen, die Begutachtung der Arbeit und insbesondere für ihre Bereitschaft, die Dissertation vor der Technischen Universität Berlin zu vertreten.

Dr. Christian Freund und seiner Arbeitsgruppe danke ich für die angenehme Zusammenarbeit im „ADAP-Projekt". Mein besonderer Dank gilt dabei Dr. Marc Sylvester für die Bereitstellung der Jurkat-Zellen, aber natürlich vor allem für die stete Diskussionbereitschaft und Hilfestellung bei allen Fragen rund um ADAP. Weiterhin möchte ich Katharina Thiemke für die Expression der Fyn-Domäne danken.

Der Gruppe von Dr. Michael Beyermann danke ich für die Synthese der Peptide. Vor allem bei Angelika Ehrlich möchte ich mich dabei für das zur Verfügung stellen der Cellulosematrix und der Einführung und Anleitung in die SPOT-Synthese bedanken.

Dr. Remigiusz Serwa aus der Gruppe von Dr. Christian P. R. Hackenberger und Dr. Dirk Schwarzer danke ich für die Synthese der Peptidanaloga sowie der damit verbundenen Gespräche und Diskussionen.

Den gegenwärtigen und ehemaligen Mitarbeitern der Gruppe Massenspektrometrie gilt mein besonderer Dank dafür, dass sie das Arbeiten in der Gruppe so angenehm gestalteten und immer für Diskussionen offen waren: Heike Stephanowitz, Diana Lang, Stephanie Lamer, Dr. Karin Lemke sowie Dr. Michael Schümann.

Obwohl nicht in diese Arbeit eingegangen, möchte ich auch Dr. Reiner F. Haseloff für die SILAC-markierten Endothelzellen und den Arbeitsgruppen von Dr. Sandro Keller und Dr. Burkhard Wiesner, dafür danken, dass ich unter ihrer Anleitung Teile meiner Proben mittels ITC und konvokalem Laserscanning vermessen konnte.

Danke an alle, die diese Arbeit durch ihre Korrekturvorschläge und Diskussionen erst zu dem gemacht haben, was sie ist: Dr. Andreas Springer, Diana Lang und Christina Lange.

Meiner Familie möchte ich von Herzen dafür danken, dass sie mich immer unterstützt haben, und natürlich auch Andreas für seine scheinbar unendliche Geduld.

Anhang

Alles Wissen und alles Vermehren unseres Wissens endet nicht mit einem Schlusspunkt, sondern mit einem Fragezeichen.

Hermann Hesse.

Die VDM Verlagsservicegesellschaft sucht für wissenschaftliche Verlage abgeschlossene und herausragende

Dissertationen, Habilitationen, Diplomarbeiten, Master Theses, Magisterarbeiten usw.

für die kostenlose Publikation als Fachbuch.

Sie verfügen über eine Arbeit, die hohen inhaltlichen und formalen Ansprüchen genügt, und haben Interesse an einer honorarvergüteten Publikation?

Dann senden Sie bitte erste Informationen über sich und Ihre Arbeit per Email an *info@vdm-vsg.de*.

Sie erhalten kurzfristig unser Feedback!

VDM Verlagsservicegesellschaft mbH
Dudweiler Landstr. 99   Telefon +49 681 3720 174
D - 66123 Saarbrücken   Fax   +49 681 3720 1749
www.vdm-vsg.de

Die VDM Verlagsservicegesellschaft mbH vertritt

Printed by Books on Demand GmbH, Norderstedt / Germany